Volker Hasenberg

Biokraftstoffe

Potenziale, Herausforderungen
und Wege einer nachhaltigen Nutzung

Hasenberg, Volker: Biokraftstoffe. Potenziale, Herausforderungen und Wege einer nachhaltigen Nutzung, Hamburg, Diplomica Verlag GmbH

ISBN: 978-3-8366-8048-6

© Diplomica Verlag GmbH, Hamburg 2009

Bibliographische Information der Deutschen Bibliothek

Die Deutsche Bibliothek verzeichnet diese Publikation in der Deutschen Nationalbibliografie; detaillierte bibliografische Daten sind im Internet über http://dnb.ddb.de abrufbar.

Die digitale Ausgabe (eBook-Ausgabe) dieses Titels trägt die ISBN 978-3-8366-3048-1 und kann über den Handel oder den Verlag bezogen werden.

Dieses Werk ist urheberrechtlich geschützt. Die dadurch begründeten Rechte, insbesondere die der Übersetzung, des Nachdrucks, des Vortrags, der Entnahme von Abbildungen und Tabellen, der Funksendung, der Mikroverfilmung oder der Vervielfältigung auf anderen Wegen und der Speicherung in Datenverarbeitungsanlagen, bleiben, auch bei nur auszugsweiser Verwertung, vorbehalten. Eine Vervielfältigung dieses Werkes oder von Teilen dieses Werkes ist auch im Einzelfall nur in den Grenzen der gesetzlichen Bestimmungen des Urheberrechtsgesetzes der Bundesrepublik Deutschland in der jeweils geltenden Fassung zulässig. Sie ist grundsätzlich vergütungspflichtig. Zuwiderhandlungen unterliegen den Strafbestimmungen des Urheberrechtes. Die Wiedergabe von Gebrauchsnamen, Handelsnamen, Warenbezeichnungen usw. in diesem Werk berechtigt auch ohne besondere Kennzeichnung nicht zu der Annahme, dass solche Namen im Sinne der Warenzeichen- und Markenschutz-Gesetzgebung als frei zu betrachten wären und daher von jedermann benutzt werden dürften. Die Informationen in diesem Werk wurden mit Sorgfalt erarbeitet. Dennoch können Fehler nicht vollständig ausgeschlossen werden und die Diplomica GmbH, die Autoren oder Übersetzer übernehmen keine juristische Verantwortung oder irgendeine Haftung für evtl. verbliebene fehlerhafte Angaben und deren Folgen.

Für Svenja

Inhaltsverzeichnis

Abbildungsverzeichnis 9
Tabellenverzeichnis 10
Abkürzungsverzeichnis 11
1   Einleitung 15
2   Warum Biokraftstoffe 17
   2.1   Das Wachstumsproblem 17
   2.2   Das Klimaproblem 20
      2.2.1   Ursachen des anthropogenen Treibhauseffektes 20
      2.2.2   Folgen des anthropogenen Treibhauseffektes 23
   2.3   Das Ressourcenproblem 24
      2.3.1   Verfügbare Daten 25
      2.3.2   Verfügbares Erdöl 26
3   Zielmarken und Marktentwicklungen 31
   3.1   Politische Ziele und Rahmenbedingungen 31
      3.1.1   USA und Brasilien 31
      3.1.2   Europäische Union 32
      3.1.3   Süd- und Ostasien 34
   3.2   Marktentwicklung und Marktsituation 34
      3.2.1   Marktentwicklung bisher 34
      3.2.2   Biokraftstoffmarkt heute 35
         3.2.2.1   USA und Brasilien 36
         3.2.2.2   Europäische Union 37
      3.2.3   Marktenwicklung in Zukunft 39
4   Biokraftstoffe im Überblick 43
   4.1   Markteingeführte Biokraftstoffe 43
      4.1.1   Bioethanol 43
      4.1.2   Pflanzenölbasierte Kraftstoffe 46
         4.1.2.1   Biodiesel (FAME) 46
         4.1.2.2   Pflanzenöl 50
         4.1.2.3   Hydrierte Pflanzenöle (HVO) 51
      4.1.3   Biogas 52
   4.2   Biokraftstoffe in der Entwicklung 55
      4.2.1   Lignozellulose-Ethanol 55
      4.2.2   BtL-Kraftstoffe 57

5 Ökologische und sozioökonomische Auswirkungen ... 61
5.1 Ökologische Auswirkungen ... 61
5.1.1 Landnutzung ... 61
5.1.1.1 Kultivierte Flächen ... 61
5.1.1.2 Potenzielle Flächen ... 64
5.1.2 Biodiversität ... 67
5.1.3 Boden und Wasser ... 69
5.1.4 Treibhausgase ... 72
5.1.4.1 Anbau und Produktion ... 72
5.1.4.2 Direkte und indirekte Landnutzungsänderung ... 74
5.1.5 Sonstige Emissionen ... 77
5.2 Sozioökonomische Auswirkungen ... 78
5.2.1 Ernährungssicherheit ... 79
5.2.2 Einkommensentwicklung ... 83
5.2.3 Soziale Effekte ... 86

6 Wege nachhaltiger Nutzung ... 89
6.1 Stand und Entwicklung ... 89
6.2 Nachhaltigkeitsstandards ... 92
6.2.1 Systemischer Ansatz ... 92
6.2.2 Standards am Beispiel Niederlande ... 93
6.2.3 Standards im Vergleich ... 96
6.3 Zertifizierungskonzepte ... 100
6.3.1 Metastandard ... 100
6.3.2 THG-Bilanzierung ... 102
6.3.3 Kontrollketten ... 106
6.3.3.1 Segregation ... 106
6.3.3.2 Massenbilanz ... 107
6.3.3.3 Book-and-Claim ... 110
6.4 Chancen und Grenzen ... 111

7 Biokraftstoffnutzung: Bewertung und Beurteilung ... 115

8 Ausblick ... 123

Literaturverzeichnis ... 127

Anhang ... 141
A1 Herstellungskosten von Biokraftstoffen ... 141
A2 Herstellungsverfahren von Biokraftstoffen ... 144
A3 Kraftstoff-Potenzialberechnung ... 148
A4 Substitutionspotenzial ... 155
A5 Nachhaltigkeitsstandards der Cramer Kommission ... 156

Abbildungsverzeichnis

Abbildung 1: Prognosen globaler Primärenergieverbrauch (in EJ) 18
Abbildung 2: Endenergieverbrauch des Verkehrs in der EU 25 (in Mio. toe) 20
Abbildung 3: CO_2-Emissionen in der EU (in Mio. t) 22
Abbildung 4: Erdöl-Förderverlauf und prognostizierter Bedarf nach WEO der IEA 28
Abbildung 5: weltweite Bioethanolproduktion 2007 (in Mio. toe) 36
Abbildung 6: weltweite Biodieselproduktion 2007 (in Mio. toe) 37
Abbildung 7: Entwicklung der Bioethanol- und Biodieselproduktion weltweit (in Mio. t) 40
Abbildung 8: Biogasabsatz im Verkehr in Schweden (in Nm³) 53
Abbildung 9: technische Substitutionspotenziale von Biokraftstoffen (in %) 59
Abbildung 10: weltweit kultivierte und potenzielle Ackerflächen (in Mio. ha) 65
Abbildung 11: THG-Vermindungspotenzial bezogen auf Referenz-Kraftstoffe (in %) 73
Abbildung 12: THG-Bilanz von Biokraftstoffen bei Grünlandumbruch (in t/ha*a) 75
Abbildung 13: THG-Minderung mit indirekten Landnutzungsänderungen (in %) 76
Abbildung 14: Agrar-Handelsbilanz der 50 ärmsten Länder (in Mrd. US-Dollar) 80
Abbildung 15: Korrelation der Preise von Rohöl und Lebensmitteln 82
Abbildung 16: realistisches Substitutionspotenzial in der EU 25 für 2020 (in %) 121
Abbildung 17: realistisches Substitutionspotenzial in Deutschland für 2020 (in %) 122

Tabellenverzeichnis

Tabelle 1:	Biokraftstoffziele ausgewählter Länder	32
Tabelle 2:	Biokraftstoffquoten in ausgewählten Ländern	33
Tabelle 3:	Biokraftstoffanteil am Endenergieverbrauch im Straßenverkehr 2007	39
Tabelle 4:	Energiebilanzen von Bioethanol in Abhängigkeit der Kraftstoffpfade	45
Tabelle 5:	Energiebilanzen von Biodiesel in Abhängigkeit der Kraftstoffpfade	48
Tabelle 6:	Bestand Primärwaldfläche ausgewählter Länder (in Mio. ha)	63
Tabelle 7:	Flächenpotenziale und Flächenbedarf für die Biokraftstoffnutzung	66
Tabelle 8:	Einfluss der Biokraftstoffnutzung auf Anstieg der Nahrungsmittelpreise	83
Tabelle 9:	Grundsätze, Kriterien und Indikatoren von Standards im Beispiel	95
Tabelle 10:	Nachhaltigkeitsstandards im Überblick	98
Tabelle 11:	Zielwerte des RTFO-Berichtssystems	100
Tabelle 12:	Benchmark Nachhaltigkeitsstandards nach den Cramer-Kriterien	101
Tabelle 13:	Default-Werte der BioNachV zur THG-Bilanzierung (in kg CO_2-Äq./GJ)	105
Tabelle 14:	Kontrollketten von Zertifizierungssystemen	109
Tabelle 15:	Flächenpotenzial 2020 (in Mio. ha)	150
Tabelle 16:	Energiepotenzial aus Reststoffen 2020 (in PJ)	151
Tabelle 17:	Hektarerträge nach Rohstoffen	152
Tabelle 18:	Annahmen Anbaumix nach Kraftstoffen	153
Tabelle 19:	Heizwerte von Kraftstoffen	153
Tabelle 20:	Einzelpotenziale Biokraftstoffe in Deutschland und Europa in 2020	155
Tabelle 21:	Nachhaltigkeitskriterien auf Unternehmensebene	156
Tabelle 22:	Nachhaltigkeitskriterien für Reststoffe	166
Tabelle 23:	Prüfrahmen auf der Makroebene	166

Abkürzungsverzeichnis

AEI	Advanced Energy Initiative
AFP	Agence France Press
ANFAC	Asociación Espanola de Fabricantes de Automóviles y Camiones
AP	Associated Press
Bäq	Benzinäquivalent
BioNachV	Biomasse-Nachhaltigkeitsverordnung
BIP	Bruttoinlandsprodukt
BMELV	Bundesministerium für Ernährung, Landwirtschaft & Verbraucherschutz
BMF	Bundesministerium der Finanzen
BMU	Bundesministerium für Umwelt, Naturschutz und Reaktorsicherheit
BMZ	Bundesministerium für wirtschaftliche Zusammenarbeit und Entwicklung
BSI	Better Sugarcane Initiative
BTG	Biomass Technology Group
C_2H_4	Ethen
C	Celsius
C	Kohlenstoff
cm	Zentimeter
CO_2	Kohlendioxid
CO_2-Äq.	Kohlendioxid-Äquivalent
Däq	Dieseläquivalent
DENA	Deutsche Energieagentur
DfT	Department for Transport
dpa	Deutsche Presseagentur
E10	Ottokraftstoff mit 10 Volumenprozent Ethanol
E85	Ottokraftstoff mit 70 bis 90 Volumenprozent Ethanol
E100	Ottokraftstoff mit 100 Volumenprozent Ethanol
ECCM	Edingburgh Centre for Carbon Management
EIA	Energy Information Administration
EJ	Etajoule
EL	Entwicklungsländer
EP	Europaparlament
ETBE	Ethyl-Tertiär-Butyl-Ether
EU	Europäische Union
EU 15	Mitgliedstaaten der Europäischen Union Stand 1995
EU 25	Mitgliedstaaten der Europäischen Union Stand 2005

EU 27	Mitgliedstaaten der Europäischen Union Stand 2007
EU 28	Staaten der EU 27 und die Türkei
EurepGAP	Europ-Retailer-Produce-Working Group – Good Agriculture Practice
EUROSTAT	Statistisches Amt der Europäischen Gemeinschaften
FAME	Fettsäuremethylester (Fatty Acid Methyl Ester)
FAO	Food and Agriculture organization of the United Nations
FFV	Flexible-Fuel-Vehicle
FNR	Fachagentur für Nachwachsende Rohstoffe
FSC	Forest Stewardship Council
GATT	General Agreement on Tariffs and Trade
GB	Großbritannien
GEMIS	Globales Emissions-Modell integrierter Systeme
GJ	Gigajoule
GPS	Ganzpflanzensilage
GTZ	Deutsche Gesellschaft für Technische Zusammenarbeit
H	Wasserstoff
ha	Hektar
HVO	Hydogenated Vegetable Oil
IANG	International Association for Natural Gas Vehicles
IEA	Internationale Energieagentur
IFEU	Institut für Energie- und Umweltforschung Heidelberg GmbH
iFOAM	International Federation of Organic Agriculture Movements
IFPRI	International Food Policy Research Institute
iLUC	indirekte Landnutzungsänderungen (indirect land use change)
IPCC	Intergovernmental Panel on Climate Change
kg	Kilogramm
KUP	Kurzumtriebsplantagen
LAB	Landwirtschaftliche Biokraftstoffe e. V.
l	Liter
LKW	Lastkraftwagen
Mio	Millionen
MJ	Megajoule
Mrd	Milliarden
MTBE	Methyl-Tertiär-Butyl-Ether
Mtoe	Millionen Tonnen Erdöläquivalent
MWV	Mineralölwirtschaftsverband e. V.
N	Stickstoff
NA	Nordamerika
NGO	Nichtregierungsorganisation (Non Governmental Organisation)

NL	Niederlande
Nm³	Normkubikmeter
OECD	Organisation for Economic Co-operating and Development
OPEC	Organization of Petroleum Exporting Countries
PECC	Pacific Economic Cooperation Committee
PKW	Personenkraftwagen
$PM_{2,5}$	Feinstaub mit 50 Prozent der Teilchen mit Durchmesser von 2,5 µm
PO_4	Phosphat
ppm	parts per million
RECS	Renewable Energy Certification System
RFA	Renewable Fuels Agency
RME	Rapsmethylester
RSB	Roundtable on Sustainable Biofuels
RSPO	Roundtable on Sustainable Palm Oil
RTFO	Renewable Transport Fuel Obligations
RTRS	Round Table on Responsible Soy
SA	Südamerika
SA 8000	Social Accountability International
SAN	Sustainable Agriculture Network
SAN/RA	Sustainable Agriculture Network / Rainforest Alliance
SOA	Südostasien
SO_2	Schwefeldioxid
SZ	Stuttgarter Zeitung
THG	Treibhausgase
toe	Tonnen Erdöläquivalent
UBA	Umweltbundesamt
UFOP	Union zur Förderung von Öl- und Proteinpflanzen e. V.
UN	United Nations
US	United States
VDA	Verband der Automobilindustrie
VDB	Verband der deutschen Biokraftstoffindustrie e. V.
WBGU	Wissenschaftlicher Beirat der Bundesregierung globale Umweltveränderungen
WEO	World Energy Outlook
WWF	World Wide Fund for Nature

1 Einleitung

Die wachsende Nachfrage nach der endlichen Energieressource Erdöl und der voranschreitende Klimawandel lässt das Interesse an umwelt- und klimafreundlichen Kraftstoffalternativen jenseits fossiler Energien weltweit steigen. Eine solche mögliche Alternative sind aus Biomasse erzeugte Kraftstoffe; bekannt unter den Bezeichnungen Biokraftstoffe, Agrotreibstoffe oder Biosprit. Biokraftstoffe sind seit Jahren am Markt verfügbar und bieten den Staaten einen Weg, auf die schon heute drängenden Klima- und zukünftig möglichen Versorgungsprobleme unmittelbar zu reagieren, anders als die viel diskutierte und lang erwartete Wasserstofftechnologie, der wohl noch Jahrzehnte der Forschung bevorstehen.[1] Dies macht Biokraftstoffe interessant und veranlasst einige Staaten in der Welt sehr ambitionierte Ziele für die Biokraftstoffnutzung festzulegen.

Seit einigen Jahren wächst die Produktion rasant an. Diese Entwicklung wird jedoch zunehmend kritisch verfolgt. Galten Biokraftstoffe noch vor wenigen Jahren als *die* Alternative zu Benzin und Diesel, hat sich nunmehr nach einem geradezu explosiven Anstieg der Nahrungsmittelpreise, gefolgt von wachsendem Welthunger und der ansteigenden Nutzung von Soja- und Palmöl als Rohstoff, für dessen Anbau in tropischen Ländern Regewald zerstört wird, die ehemals breite Zustimmung scheinbar ins Gegenteil verkehrt. So stehen Biokraftstoffe heute im Verdacht für Nahrungsmittelknappheit und der Zerstörung von ganzen Ökosystemen mitverantwortlich und genau das Gegenteil einer umwelt- und klimafreundlichen Kraftstoffalternative zu sein.

Es stellt sich die Frage, ob eine Nutzung von Biokraftstoffen unter sozialen und ökologischen Nachhaltigkeitsaspekten überhaupt möglich ist, und ob darüber hinaus Biokraftstoffe tatsächlich zu mehr Versorgungssicherheit und Klimaschutz beitragen können. Auf diese Fragen soll dieses Buch Antworten liefern.

Dafür werden zunächst die wichtigsten Biokraftstoffe in ihren Eigenschaften und Potenzialen näher betrachtet. Es wird detailliert untersucht, welche ökologischen und sozioökonomischen Auswirkungen die Biokraftstoffnutzung heute und zukünftig haben, und gibt Antworten darauf in wieweit Biokraftstoffe auf die Nahrungsmittelversorgung und die Lebensraumzerstörung hat. Im letzten Teil

---

[1] Vgl. Gelpke & McCormack (2007).

werden Wege und Konzepte einer nachhaltigen Nutzung vorgestellt und diskutiert.

Die Studie beginnt mit einer ausführlichen Betrachtung der Anlässe für den Biokraftstoffeinsatz und verschafft einen Überblick über den globalen Biokraftstoffmarkt und die Zielsetzungen der Nationalstaaten. Das Buch basiert auf einer umfangreichen Literaturrecherche, die die wichtigsten aktuellen nationalen und internationalen Studien und Forschungsergebnisse zu diesem Thema erfasst hat und so eine Bewertung erlaubt, die auf eine breite Basis und umfassenden Erkenntnisstand fußt.

2 Warum Biokraftstoffe

Die starke Nachfrage nach und das wachsende Interesse an Biokraftstoffen lässt sich im Wesentlichen auf drei Hauptprobleme zurückführen, die in Zusammenhang mit dem Verkehrssektor stehen: Erstens, der beschleunigte Klimawandel, resultierend aus dem Ausstoß an Treibhausgasen, an dem der Verkehr maßgeblich beteiligt ist; zweitens, die Endlichkeit der Ressource Erdöl, die allen Beteuerung der Mineralölwirtschaft zum Trotz schon in naher Zukunft nicht mehr bedarfsdeckend zur Verfügung stehen könnte. Das dritte Problem ist an sich kein eigenständiges sondern ein Faktor, der die ersten beiden Problematiken noch weiter verschärft: Die zunehmend wachsende Nachfrage nach Energie und Mobilität. Im Folgenden wird auf diese drei Kernprobleme näher eingegangen.

2.1 Das Wachstumsproblem

Als Folge des anhaltenden Bevölkerungswachstums und der Entwicklung der ärmeren Länder in der Welt nach westlichem Vorbild zeichnen die Zukunftsprognosen ein Bild eines enorm ansteigenden Energiehungers, den es zu stillen gilt. 2050 werden nach mittleren Wachstumsprognosen 9,2 Mrd. Menschen die Erde bevölkern – 2,5 Mrd. mehr als heute.[2] Dadurch könnte sich der Primärenergiebedarf bis zur Mitte des Jahrhunderts verdoppeln. Shell errechnet in einer Studie einen Anstieg des Primärenergiebedarfs von 417 EJ (2000) auf 769 EJ bzw. 880 EJ (2050) je nach Szenario.[3] Bemerkenswert ist, dass die Internationale Energieagentur in ihren aktuellen Prognosen sogar einen noch rasanteren Anstieg erwartet, und bereits 2030 ein Weltprimärenergieverbrauch von 743 EJ erreicht werden könnte, wenn der bisherigen Entwicklung politisch nicht gegengesteuert werde (siehe Abbildung 1). Dieser enorme Zuwachs soll in großem Umfang (84%) mit fossilen Energieträgern – vor allem Erdöl – gedeckt werden.[4]

---

[2] Vgl. United Nations (2007), S. 7.
[3] Vgl. Shell (2008), S. 46.
[4] Vgl. IEA (2007a).

Abbildung 1: Prognosen globaler Primärenergieverbrauch (in EJ)

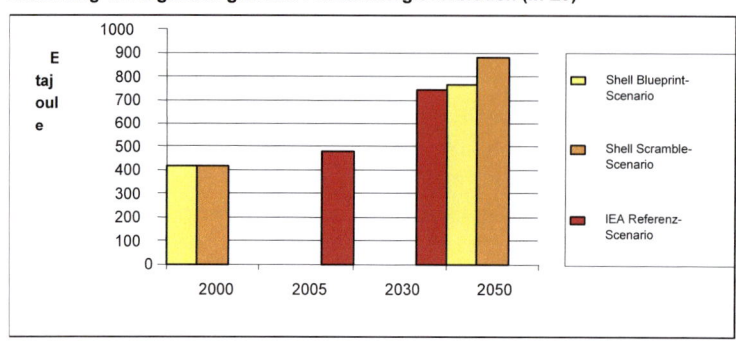

Quellen: Shell (2008), IEA (2007a).

Ganz maßgeblich verantwortlich an diesem Anstieg ist der Verkehrssektor, der heute mit 98% fast ausschließlich von der Ressource Öl angetrieben wird.[5] Das Beispiel China veranschaulicht mehr denn je die nahezu explosionsartige Entwicklung in diesem Bereich: Der Fahrzeugbestand wird bis 2030 mit 270 Mio. Stück auf das Siebenfache klettern. Infolge dessen vervierfacht sich Chinas Ölkonsum – zwei Drittel davon gehen auf das Konto Mobilität. Weltweit könnte in diesem Zeitraum die Fahrzeugflotte von heute ca. 942 Mio. auf über 2 Mrd. ansteigen.[6] Verantwortlich für diese Entwicklung ist in erster Linie die Nachfrage in Asien, wo bereits 2015 jedes vierte Fahrzeug unterwegs sein wird und in China mehr Neuwagen als in den Vereinigten Staaten verkauft werden. Doch wächst der automobile Markt längst nicht nur in den Boomstaaten Asiens, auch in den „gesättigten" Regionen wie Nordamerika und Europa ist ein Ende des Wachstums in den nächsten Jahren nicht abzusehen.[7]

Diese Prognose erscheint umso plausibler, schaut man einmal zurück und betrachtet die Entwicklung in den letzten Jahren. So kletterte die Verkehrsleistung in Europa bis heute kontinuierlich nach oben, ohne dass eine Trendumkehr erkennbar ist. Zwischen 1995 und 2004 wuchs in der EU 25 die Personentransportleistung (gemessen in Personenkilometer) um 18% und die Gütertransportleistung (gemessen in Tonnenkilometer) um 31%. Der Straßengüterverkehr stieg sogar um 38% überproportional an. Bei den Verkehrsmitteln dominiert in beiden Bereichen die Straße: 84% der Personenkilometer werden mit dem PKW und 44% der Tonnenkilometer mit dem LKW zurückgelegt

---

[5] Vgl. Gelpke & McCormack (2006).
[6] Vgl. IEA (2007a).
[7] Vgl. dpa (2008).

(danach folgt der Schiffsverkehr mit 39%). Damit entfallen allein 83% des Endenergieverbrauchs für den Verkehr auf die Straße.[8]

Schon für sich allein betrachtet, verdeutlichen diese Zahlen sehr gut, welche Probleme in Zukunft auf uns zu rollen werden. Sieht man sie aber im Kontext mit anderen Werten, wird ihre Brisanz erst so richtig greifbar. Aufschlussreich erscheint die Gegenüberstellung der Verkehrszahlen mit der wirtschaftlichen Gesamtentwicklung. So wird deutlich, dass das Verkehrsaufkommen die Wirtschaftsleistung widerspiegelt: Wächst die Wirtschaft und steigt das Bruttoinlandsprodukt (BIP), erhöhen sich die gefahrenen Personen- und Tonnenkilometer – allerdings nicht analog: Denn während das BIP in der EU 25 zwischen 1995 und 2005 inflationsbereinigt jedes Jahr um 2,3% wuchs, stieg der Gütertransport mit jährlich 2,8% deutlich schneller an. Vor diesem Hintergrund kann es kein Trost sein, dass der unverändert ansteigende Personentransport sich mit einer Jahresrate von 1,8% bescheiden gibt.[9]

Ein weiterer Kontext zur näheren Beschreibung der Problematik ist die Frage danach, welcher Anteil des gesamten Endenergieverbrauchs eigentlich dem Verkehr zuzuschreiben ist. Das aufgezeigte schnelle Wachstum würde ausgehend von einem sehr niedrigen Anteil am gesamten Energieverbrauch fraglos weit weniger Auswirkungen haben als bei einem sehr hohen. Doch Letztgenanntes trifft zu. 2004 verbuchte der Verkehrssektor in der EU 25 21% des Primärenergiebedarfs auf sein Konto. 1990 waren es noch 18%. Der Anstieg fand auch in absoluten Zahlen statt: 1990 verbrauchte das Transportwesen 272 Mio. toe (Tonnen Öläquivalent), 2004 waren es 352 Mio. toe – ein Plus von 29% (siehe Abbildung 2).[10]

---

[8] Vgl. European Commission (2007a), S. 6.
[9] Vgl. European Commission (2007a), S. 6.
[10] Vgl. European Commission (2007a), S. 6.

Abbildung 2: Endenergieverbrauch des Verkehrs in der EU 25 (in Mio. toe)

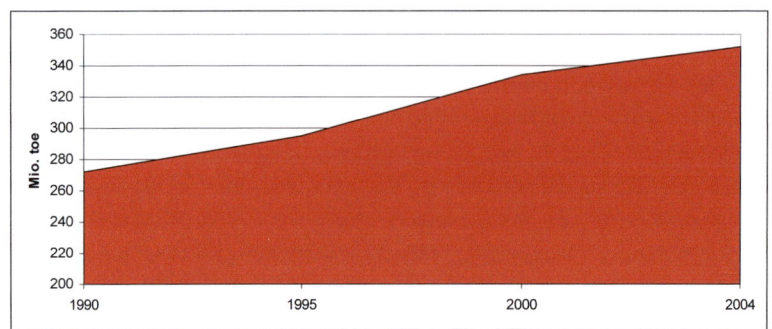

Quelle: European Commission (2007a).

Der Verkehr – ganz besonders auf der Straße und in der Luft – wächst derzeit und zukünftig, wie die Prognosen ankündigen, weltweit mit einer rasanten Geschwindigkeit an. Die auch ohne diese Turbo-Beschleunigung bestehenden Probleme des immensen Erdölverbrauchs und daraus resultierenden Treibhausgasemissionen werden dadurch noch potenziert.

2.2 Das Klimaproblem

2.2.1 Ursachen des anthropogenen Treibhauseffektes

Spätestens seit dem vierten Sachstandsbericht des IPCC, des zwischenstaatlichen Ausschusses für Klimaänderung, der 2007 der Öffentlichkeit präsentiert wurde, herrscht sowohl in Regierungskreisen als wohl auch in der Bevölkerung mehrheitlich Einigkeit darüber, dass der Mensch durch seine Aktivitäten das Klima beeinflusst – und das schon heute.

Das Prinzip des natürlichen Treibhauseffektes, der überhaupt erst Leben auf der Erde ermöglicht, gilt als hinlänglich bekannt und soll an dieser Stelle nicht weiter ausgeführt werden. Einfluss auf diesen Treibhauseffekt nimmt die Menschheit seit Beginn der Industrialisierung maßgeblich durch die Verbrennung von fossilen Energieträgern wie Kohle, Erdöl und Erdgas aber auch durch veränderte Landnutzung (z.B. Rodungen großflächiger Waldgebiete) sowie durch eine zunehmend industrialisierte Landwirtschaft. Dadurch steigen seit 1750 die atmosphärischen Konzentrationen der wichtigsten Treibhausgase (THG) Kohlendioxid, Distickstoffoxid (Lachgas), Methan und Halogenkohlenwasserstoffe. Sie übertreffen heute bei weitem das aus Eisbohrkernen bekannte natürliche Niveau der letzten 650.000 Jahre. Um nur das bedeutendste Beispiel zu nennen: Das wichtigste anthropogene Treibhausgas Kohlendioxid lag 2007 mit 383 ppm in der Atmosphäre vor.[11] In der vorindustriellen Zeit waren es 280 ppm und überstieg in den letzten 650.000 Jahren nie die Marke von 300 ppm.[12] Möglicherweise ist die heutige CO_2-Konzentration in der Atmosphäre sogar höher als in den letzten 20 Mio. Jahren.[13] Allein im Zeitraum von 1970 bis 2004 haben sich die THG-Emissionen um 70%, die CO_2-Emissionen sogar um 80% erhöht, wobei sich die Zunahme in den letzten 10 Jahren beschleunigt hat.[14] Seit dem Jahr 2000 ist der CO_2-Ausstoß viermal schneller gestiegen als im Jahrzehnt davor. Mit 27,5 Mrd. t wurde 2004 ein vorläufig neuer Rekordwert gemeldet.[15]

Zwar hat sich die Weltgemeinschaft in der Klimarahmenkonvention von 1992 in Rio auf eine Minderung der anthropogenen Einflüsse auf das Klima geeinigt und sich 1997 in Kyoto verbindlich auf eine Senkung der Treibhausgasemissionen verständigt (Nach dem Kyoto-Protokoll sollen die Industrienationen bis 2012 5,2% weniger THG emittieren als 1990), doch ist man gegenwärtig von diesem Ziel noch weit entfernt. 2004 bliesen die OECD-Länder nicht weniger sondern 16% mehr Kohlendioxid in die Luft als 1990.[16] Zusätzlich steigern Schwellen- und Entwicklungsländer ihren Ausstoß mit wachsendem Tempo. China, das als Schwellenland bisher noch gar keine Minderungsziele erfüllen muss, löst die USA als größten Emittenten ab und hat erstmals 2007 mehr Kohlendioxid produziert als die Vereinigten Staaten.[17]

In Europa liegen 2006 die Emissionen etwas unter dem Wert von 1990 – dies gilt sowohl für alle Treibhausgase (CO_2-Äquivalent) als auch für CO_2 selbst. Allerdings lohnt es sich, die Werte etwas genauer und differenzierter zu betrachten. Bezogen auf die EU 27 gingen zwischen 1990 und 2006 die CO_2-Emissionen tatsächlich von 4.392 Mio. t auf 4.258 Mio. t zurück. In der EU 15 aber stiegen die Emissionen von 3.353 Mio. t auf 3.466 Mio. t leicht an (siehe Abbildung 3).[18] Damit zeigt sich auf europäischer Ebene eine ähnliche Entwicklung wie in Deutschland. Der Zusammenbruch der osteuropäischen Wirtschaft nach dem Ende des Ost-West-Konfliktes begünstigt nicht nur die CO_2-Bilanz in

---

[11] Vgl. AFP/dpa (2008).
[12] Vgl. IPCC (2007a).
[13] Vgl. AFP/dpa (2008).
[14] Vgl. IPCC (2007b).
[15] Vgl. AP (2005).
[16] Vgl. AP (2005).
[17] Vgl. AFP/dpa (2008).
[18] Vgl. EUROSTAT (2008).

Deutschland sondern auch in der EU. Alarmierend ist zudem, dass seit 1999 die Emissionen in der EU 27 wieder ansteigen, wenngleich sie noch nicht wieder das Niveau von 1990 erreicht haben und daher für den gesamten Zeitraum tatsächlich ein leichter Rückgang zu vermelden ist. Verantwortlich für den Anstieg sind die stark zunehmenden Verkehrsemissionen.

Abbildung 3: CO_2-Emissionen in der EU (in Mio. t)

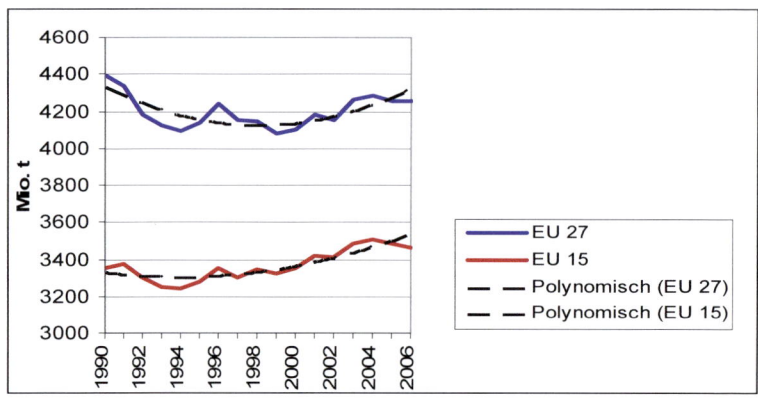

Quelle: EUROSTAT (2008).

2004 ist der Verkehr weltweit für 13% der gesamten THG-Emissionen verantwortlich, wovon etwa 10% auf den Straßenverkehr entfallen. An den Emissionen des Kohlendioxids, dem wichtigsten Treibhausgas, beträgt der Verkehrsanteil 17%.[19] Blickt man nun auf die Industriestaaten, erhöht sich der Anteil erwartungsgemäß und beträgt 2004 in der EU 25 24%, in den USA 31% und in Japan 21%.[20] Während zwischen 1990 und 2004 die THG-Emissionen in Europa wie erwähnt leicht zurückgingen (etwa um 5% in der EU 25), ergibt sich in den einzelnen Sektoren ein ganz anderes Bild. Der Transportsektor ist der einzige, der in diesem Zeitraum einen Zuwachs vermelden kann und das um 26%. Alle anderen Bereiche, wie Industrie, Privathaushalte, Energieerzeugung oder Landwirtschaft verzeichnen sinkende Werte.[21] Der Transportsektor ist damit der einzige Bereich, dessen Emissionen weiter bedrohlich ansteigen werden. Die EU-Kommission prognostiziert für den Zeitraum 2005 bis 2020

---

[19] Vgl. VDA (2008).
[20] Vgl. European Commission (2007a).
[21] Vgl. European Commission (2007a).

einen fortschreitenden Anstieg um 77 Mio. t Treibhausgase, das entspricht einer Steigerung um weitere 8%.[22]

Diese Zahlen verdeutlichen nicht nur, dass der Verkehr, insbesondere der Straßenverkehr, maßgeblich an der Emission von Treibhausgasen beteiligt ist sondern auch, dass er mit seinem bislang ungebremsten Wachstum ein buchstäblich wachsendes Problem für alle Klimaschutzbemühungen darstellt.

2.2.2 Folgen des anthropogenen Treibhauseffektes

Die Zunahme an Treibhausgasen, insbesondere Kohlendioxid, in der Atmosphäre lässt die mittlere Jahrestemperatur schon heute auf der Erde steigen, und der beschleunigte CO_2-Ausstoß beschleunigt auch die Erderwärmung. In den letzten 100 Jahren ist es auf der Erde im Mittel um 0,74° C wärmer geworden. Die zwölf wärmsten Jahre seit Beginn der Beobachtungen fallen mit einer Ausnahme alle auf die letzten zwölf Jahre (1995-2006). Je nachdem wie sehr die THG-Emissionen weiter ansteigen werden, erwarten die Wissenschaftler des IPCC eine Erwärmung zwischen 1,8° C und 4,0° C im Laufe des 21. Jahrhunderts.[23] Allerdings übertreffen die jüngsten Zuwachsraten der letzten Jahre schon die Annahmen des hohen Szenarios des IPCC.[24]

Welche Folgen aufgrund der steigenden Temperaturen zu erwarten sind, hängt ganz maßgeblich von der Höhe des Anstieges ab. Bei einer geringen Erwärmung von 1-3° C können in mittleren und nördlichen Breiten zum Teil sogar geringe positive Effekte, wie höhere landwirtschaftliche und forstwirtschaftliche Erträge, zu erwarten sein, die allerdings bei weiter steigenden Temperaturen wieder in negative Effekte umschlagen werden. In den Polregionen und niederen Breiten überwiegen schon bei geringer Erwärmung die negativen über die positiven Auswirkungen. Grundsätzlich sind die Folgen regional sehr unterschiedlich, wirken sich jedoch weitaus gravierender in den Regionen der Entwicklungsländer aus. Insgesamt sieht das IPCC mehr als bisher Anlass zur Sorge aufgrund der klimatischen Änderungen.[25]

Eine Reihe von Ökosystemen, wie polare Gebiete, Hochgebirgsregionen oder Korallenriffe, könnten durch den Klimawandel akut bedroht werden. Eine voranschreitende Erwärmung erhöht für 20-30% aller Tier- und Pflanzenarten

---

[22] Vgl. Europäische Kommission (2007), S. 2.
[23] Vgl. IPCC (2007c).
[24] Vgl. AFP/dpa (2008).
[25] Vgl. IPCC (2007d).

das Risiko auszusterben. Trockenheiten, Hitzewellen und Hochwasser werden mit hoher Sicherheit weiter zunehmen. Der Meeresspiegel wird sich weit über den bisher beobachteten Anstieg hinaus anheben und die Küstenregionen der Erde bedrohen. Durch Abschmelzen des grönländischen und des westantarktischen Eisschildes, wofür die Wissenschaftler Hinweise sehen, könnte der Anstieg noch dramatischer ausfallen, als er mit maximal 59 cm im Laufe des Jahrhunderts für das höchste Szenario im aktuellen Sachstandsbericht des IPCC angegeben wird.[26]

Die volkswirtschaftlichen Schäden werden erheblich sein. Experten erwarten wenigstens 5% des jährlichen Bruttoinlandsproduktes, die je nach Berücksichtigung der Risiken und deren Einflüsse auf 20% oder mehr ansteigen können. Im Gegensatz dazu könnten die Kosten für den Klimaschutz mit etwa 1% des Bruttoinlandsproduktes deutlich niedriger liegen.[27]

Eine Obergrenze des Temperaturanstieges von 2° C gilt gemeinhin als Zielmarke, um die Folgen des Klimawandels noch beherrschbar zu halten. Um dieses Ziel zu erreichen, muss laut dem IPCC das Wachstum der THG-Emissionen in den nächsten 15 Jahren gestoppt und umgekehrt werden.[28] Angesichts derzeit immer schneller wachsender Emissionen stellt dies eine enorme Anstrengung dar. Dies gilt umso mehr für den Verkehrssektor, der wie in Kapitel 2.2.1 beschrieben, die größten Emissionszuwächse verzeichnet und damit im Klimaschutz eine der größten Herausforderungen darstellt.

2.3 Das Ressourcenproblem

Weltweit treibt mit 98 Prozent fast ausschließlich das Erdöl den Straßenverkehr an. Alternative Kraftstoffe spielen mit wenigen Ausnahmen, zum Beispiel Bioethanol in Brasilien, derzeit nur eine marginale Rolle auf dem Kraftstoffmarkt, worauf in Kapitel 3.2 noch im Detail eingegangen werden wird. 2007 verbrauchte die Welt gut 3,9 Mrd. t Erdöl, das sind 86 Mio. Fässer (Barrel[29]) jeden Tag oder fast 1.000 Fässer jede Sekunde – mehr als jemals zuvor.[30] 60,5% davon verbrennen als Benzin, Diesel oder Kerosin in den Motoren unserer Transportmittel.[31] Bei einem derart gewaltigen Verbrauch, der laut Internationaler Energieagentur sogar noch auf 116 Mio. Barrel pro Tag bis 2030

---

[26] Vgl. IPCC (2007b).
[27] Vgl. Stern (2006).
[28] Vgl. IPCC (2007b).
[29] 1 Barrel entsprechen ca. 159 Liter.
[30] Vgl. MWV (2008a), S. 6.
[31] Vgl. IEA (2007b).

steigen könnte, stellt sich unweigerlich die Frage nach der Verfügbarkeit.[32] Haben wir ein Ressourcenproblem?

Nein, sagt die Mineralölwirtschaft. Die Weltölreserven waren noch nie so groß wie heute: 181 Mrd. t waren es 2007 - Öl für die nächsten 46 Jahre, wenn der Verbrauch auf dem heutigen Niveau bleibt.[33] Und es könnten auch ohne neue Funde noch mehr werden, sagen die Mineralölkonzerne. Denn wenn der Ölpreis steigt, lohnt sich die Erschließung bislang unwirtschaftlicher Felder, die in dieser Statistik gar nicht vorkommen (z.b. Ölsande, Ölschiefer, Polaröl). Sie gibt nur die Mengen an, die mit heutiger Technik wirtschaftlich förderbar sind. Eine Endlichkeit des Rohstoffs Öl scheint danach nicht in Sicht zu sein. Oder doch?

Es stellt sich die Frage nach der Aussagekraft dieser Zahlen. Und um die Antwort gleich folgen zu lassen, sie ist gering, und das aus zwei Gründen:

2.3.1 Verfügbare Daten

Die Zahlen sind nicht präzise. Eine der wichtigsten Quellen ist das „Oil and Gas Journal." Die so genannten „nachgewiesenen" Reserven sind in Wirklichkeit eher Schätzungen, „die bei staatlichen und privaten Ölfirmen abgefragt werden. Den Firmen bleibt selbst überlassen, was sie angeben. Oft sind das Jahr für Jahr die gleichen Zahlen."[34] Der „BP Statistical Review of World Energy", die vielleicht prominenteste Quelle, bedient sich ebenfalls kaum eigener Berechnungen, dafür aber meist der Angaben des Oil and Gas Journals und Informationen, die nicht auf vertrauenswürdiger Basis gewonnen worden sind. Ohnehin ist es schwer, belastbare Zahlen zu bekommen. Daten über Ergiebigkeiten von Ölfeldern werden zum Teil wie Staatsgeheimnisse gehütet und sind deshalb ein Unsicherheitsfaktor für alle Prognosen.[35] Saudi-Arabien zum Beispiel verwehrt seit der Verstaatlichung der Ölindustrie vor 27 Jahren ausländischen Gutachtern den Zutritt zu den Feldern.[36] Hinzu kommen wirtschaftlich oder politisch motivierte Änderungen der Zahlen, die die Gesamtmenge der verfügbaren Reserven schlagartig ändern können, ohne dass eine einzige Entdeckung gemacht wurde.

---

[32] Vgl. IEA (2007a).
[33] Vgl. MWV (2008a), S. 8.
[34] Campbell et al. (2007), S. 179.
[35] Vgl. dpa/AFP (2008).
[36] Vgl. Jung (2006).

Zwei Beispiele: Ein wichtiges Kriterium für die Höhe der Förderquote ist in den OPEC-Ländern die Reserve des Landes. Um einen höheren Anteil an der Gesamtförderung durchzusetzen, korrigierte Kuwait seine Reserven 1985 um 50% nach oben. Den Beweis für diesen Riesenfund blieb Kuwait schuldig, dafür machte das Beispiel Schule: Andere OPEC-Staaten, wie Venezuela, Abu Dhabi, Dubai, der Iran und Saudi-Arabien wiesen kurze Zeit später ebenso höhere Reserven aus, um sich ihre Quoten zu sichern. Der Irak verdoppelte gleich seine Vorkommen.[37]

Neben politischen Gründen verändern auch wirtschaftliche die Ölreserven auf dem Papier und erschweren eine objektive Bewertung. Ein Explorateur hat Interesse daran seinem Auftraggeber möglichst eine hohe Schätzung eines Neufundes mitzuteilen. In der Investitionsphase werden dagegen deutlich niedrigere Annahmen gemacht, um bei der Wirtschaftlichkeitsberechnung auf der sicheren Seite zu sein. Im Laufe der Förderung können nun diese Zahlen wieder nach oben korrigiert werden und die Reserven wachsen. Ein gutes Signal für die Börse und ein Beweis für solides Management, aber kein Hinweis auf zusätzliches Öl im Boden.[38] Beispiele dieser Art gibt es viele. Dies führt zu der wundersamen Tatsache, dass seit Jahrzehnten trotz steigendem Verbrauch die statistische Reichweite der Reserven bei 40 Jahren liegt. Experten kommentieren diesen Umstand so: „Die Höhe der Ölreserven hängt von demjenigen ab, der sie einschätzt."[39] Oder: „Alle Zahlen sind falsch. Die Frage lautet jedoch: wie falsch?"[40]

So ist es vielmehr wichtiger auf grundsätzliche Aspekte und auf Trends zu achten als auf einzelne Zahlen. Dies ist der zweite Grund, warum die Aussagekraft der Zahlen gering ist.

2.3.2 Verfügbares Erdöl

Die statistische Reichweite ist keine Größe von maßgeblicher Bedeutung. Eine statische Hochrechnung führt in die Irre und suggeriert, dass Öl bis zum letzten Tropfen bei gleich bleibender Förderleistung aus dem Boden geholt werden kann. Das aber ist falsch. Wird ein neues Ölfeld gefunden und erschlossen, steigt die Förderquote zunächst schnell an, das Öl ist zunächst relativ leicht zu gewinnen und jede weitere Bohrung, die im Zuge der Erschließung abgeteuft

---

[37] Vgl. Campbell et al. (2007), S. 190.
[38] Vgl. Campbell et al. (2007), S. 186 ff.
[39] Vgl. Gelpke & McCormack (2007).
[40] Vgl. Campbell et al. (2007), S. 31.

wird, bringt mehr Barrel Öl ans Tageslicht. Doch je mehr gefördert wird, desto mehr sinkt der Druck im Ölfeld, steigt der Wasserpegel und nimmt die Zähigkeit des Öls zu. Ergo, die Förderung des Öls erfordert immer mehr Aufwand. So wird die Förderrate nach einem exponentiellen Anstieg zu Beginn im Laufe der Förderung immer langsamer wachsen und irgendwann ihr Maximum erreichen. Danach geht sie unweigerlich zurück und die Produktion sinkt. Eine Ausweitung der Produktionskapazitäten unter Einsatz moderner Techniken kann diesen Rückgang bei sehr hohem Kosteneinsatz bestenfalls hinauszögern. Der Produktionsrückgang würde zwar etwas später, dann aber umso rascher erfolgen.[41]

Dieser Förderverlauf, der dem Bild einer Glockenkurve folgt, ist nicht nur bei lang erschlossenen Ölfeldern in der Praxis bestätigt worden, sondern lässt sich auch für ganze Regionen beobachten. Norwegen hat sein Fördermaximum (Peak Oil) 1995 überschritten, Großbritannien folgte 1999. Etwa um das Jahr 2000 war das Fördermaximum aller Staaten außerhalb der OPEC und der ehemaligen Sowjetunion erreicht. 35% der Weltölproduktion stammen aus Staaten, die ihre Förderquote noch steigern können, 65% haben ihr Fördermaximum erreicht oder bereits überschritten.[42]

Vor diesem Hintergrund stellt sich weniger die Frage wie lange die Reserven bei linear fortgeschriebenem Verbrauch noch reichen, sondern vielmehr, wann das weltweite Fördermaximum erreicht werden wird. Ist dieser Punkt erst einmal überschritten, klafft eine Versorgungslücke, die mit fortschreitendem Förderrückgang größer wird. Das ist das eigentliche Problem (siehe Abbildung 4).

---

[41] Vgl. Campbell et al. (2007), S. 73.
[42] Vgl. Campbell et al. (2007), S. 75 ff.

Abbildung 4: Erdöl-Förderverlauf und prognostizierter Bedarf nach WEO der IEA

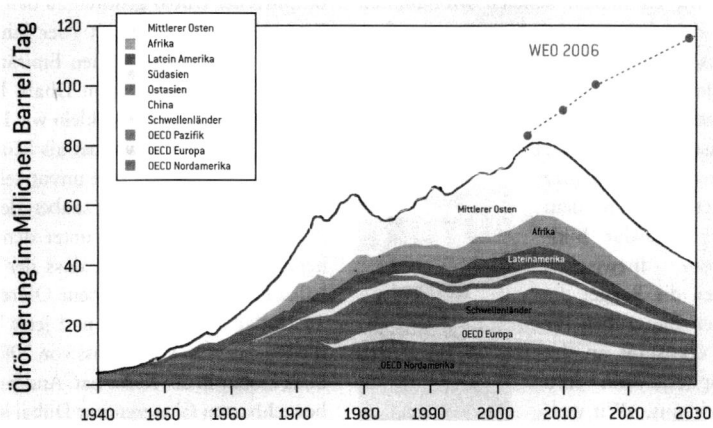

Quelle: Schindler (2008).

Nur, dieses Ereignis kündigt sich weder an, noch ist es angesichts der ungenauen Datenlage genau zu prognostizieren. Erst wenn die Produktion trotz größter Bemühungen kontinuierlich abnimmt, herrscht darüber Gewissheit, dass der Peak hinter einem liegt. Das wäre allerdings ein sehr später Zeitpunkt, um über Alternativen zum Öl nachzudenken. Eine Reihe von Hinweisen lassen den Schluss zu, dass wir bereits heute nahe dem Fördermaximum sind:

- Der Verlauf der Ölproduktion folgt zeitversetzt dem Verlauf der Entdeckungen. Der Höhepunkt des Findens liegt allerdings in den 1960er Jahren. Die Funde gehen seitdem kontinuierlich zurück.

- Anfang der 1980er Jahre übersteigt die jährliche Produktion dauerhaft die Neufunde.

- Die beiden größten Ölfelder der Welt, die 10% der gesamten bisher gefundenen Ölvorkommen ausmachen, haben 2005 („Burgan" in Kuwait) bzw. könnten 2004 („Ghawar" in Saudi-Arabien) ihr Maximum überschritten haben.

- 70% der Ölproduktion stammen aus Feldern, die vor 30 Jahren und mehr erschlossen wurden.[43]

---

[43] Vgl. Campbell et al. (2007).

- Der immer schneller steigende Ölpreis bis 2008 könnte Indiz für eine verschärfte Ressourcenverknappung sein. 2007 prognostizierte die IEA für 2030 einen Ölpreis von 108 Dollar je Barrel.[44] Diese Höhe wurde 2008 im Jahresmittel schon fast übersprungen.
- Die IEA und Shell warnen erstmals vor Versorgungsengpässen.[45,46] Das Unternehmen Total erwartet, dass die Ölförderung schon bald an ihre Grenzen stößt und bestätigt als erster Ölkonzern die Peak-Oil-Theorie.[47]

Das Fördermaximum könnte in 10 bis 20 Jahren erreicht werden,[48] vielleicht auch schon in den nächsten Jahren.[49] Dass der von der IEA prognostizierte Bedarf (116 Mio. Barrel pro Tag in 2030) tatsächlich gedeckt werden könnte, erscheint danach unwahrscheinlich. 2007 lieferten die OPEC-Staaten 35,5 Mio. Barrel pro Tag, das entspricht etwa 42% der Weltölförderung.[50] Die IEA erwartet, dass 2030 der Anteil der OPEC auf 52% anwächst. Das wären dann 60 Mio. Barrel Öl jeden Tag. Weil aber einige OPEC-Staaten, wie der Oman, Venezuela oder Indonesien ihr Fördermaximum bereits erreicht oder überschritten haben, müssten andere OPEC-Mitglieder ihre Produktion überdurchschnittlich steigern, um trotz sinkender Raten in einigen Staaten den enormen Gesamt-Zuwachs von fast 70% zu gewährleisten. Saudi-Arabien etwa müsste das Doppelte oder gar das Dreifache an Öl fördern. Selbst die heimische Ölindustrie sieht derartige Vorhersagen jenseits dessen, was man schaffen kann.[51]

Und so wird die Suche nach einer Alternative zum Öl immer dringlicher und das Interesse an Biokraftstoffen steigt in dem Maße, wie sich die Erkenntnis verfestigt, dass Öl nicht in alle Zukunft unseren Bedarf an Energie für Mobilität decken wird.

---

[44] Vgl. IEA (2007a).
[45] Vgl. IEA (2007).
[46] Vgl. Shell (2008).
[47] Vgl. dpa-AFX (2008).
[48] Vgl. Jung (2006).
[49] Vgl. Campbell et al. (2007), S. 87.
[50] Vgl. IEA (2008a).
[51] Vgl. Jung (2006).

3 Zielmarken und Marktentwicklungen

3.1 Politische Ziele und Rahmenbedingungen

Die frühen Fördermaßnahmen zur Biokraftstoffnutzung in den 1970er bis 1990er Jahren zielten in erster Linie darauf ab, die heimische Landwirtschaft zu unterstützen und die Energieversorgung durch eigene Rohstoffe stärker zu sichern, wenngleich dies meist nur in bescheidenem Umfang gelang und Energieimporte weiterhin in vielen Ländern von großer Bedeutung blieben. Erst die in den 1990er Jahren aufkeimende Diskussion um den menschengemachten Klimawandel ließ die Staaten aus umwelt- und klimarelevanten Aspekten auf die Biokraftstoffe blicken und führte zu einem massiven Ausbau der Förderung in diesem Jahrzehnt, da sie als CO_2-arme Kraftstoffe zu einem wichtigen Baustein in den nationalen Klimaschutzpolitiken wurden.

3.1.1 USA und Brasilien

Die USA forcieren heute massiv den Biokraftstoffmarkt, nachdem steuerliche Förderungen von E10-Kraftstoff seit Ende der 1970er und die Verabschiedung des Clean Air Act gegen Luftverschmutzung 1990 den Bioethanolanteil am Kraftstoffmarkt bereits in der Vergangenheit anwachsen ließen.[52] 2006 kündigte US-Präsident Bush die „Advanced Energy Initiative (AEI)" an, die das Ziel vorgibt, die Ölimporte aus dem Nahen Osten bis 2025 um 25% zu reduzieren. Zur Erreichung dieses ehrgeizigen Zieles spielen Biokraftstoffe eine entscheidende Rolle. Sie sollen bis 2030 30% der konventionellen Kraftstoffe ersetzen, gemessen am Bedarf von 2004. Der „Energy Independence and Security Act (EISA)" erweitert 2007 den "Renewable Fuels Standard (RFS)", also die Vorgabe, wie viel Biokraftstoffe Benzin zukünftig beigemischt werden sollen, ganz erheblich. 2022 sollen es 36 Mrd. Gallonen sein, das entspricht 69 Mio. toe, was einer Verfünffachung der heutigen Bioethanolmenge gleichkommt (siehe Tabelle 1). Die Maßnahmepläne zur Umsetzung dieser Ziele sind derzeit in mehreren Bundesbehörden in Vorbereitung, der Staatshaushalt sieht bereits große Erhöhungen der Finanzierungsmittel für die jeweiligen Programme vor.[53]

Brasilien setzt darauf, seine Position als größter Bioethanolexporteur weiter auszubauen. 85% der Bioethanolexporte stammen schon heute aus Brasilien.[54] Der Bioethanolmarkt in Brasilien ist bislang der einzige weltweit, der ohne

---

[52] Vgl. Henke (2005), S. 11.
[53] Vgl. Nylund et al. (2008), S. 34-36.
[54] Vgl. FAO (2008), S. 45.

staatliche Subventionen auskommt und voll wettbewerbsfähig ist. Von 1990 bis 2002 wurden die Fördermaßnahmen, die im Rahmen des Proálcool-Programms 1975 gestartet wurden, schrittweise wieder abgebaut. Heute gilt in dem südamerikanischen Staat eine Beimischungsquote für Ethanol von 20-25 Vol% je nach Marktsituation von Benzin und Zucker.[55] 2005 startete Brasilien erneut ein Förderprogramm für Biokraftstoffe – nun für Biodiesel. 2008 soll ein Beimischungsanteil von 2% erreicht werden, der bis 2012 auf 5% steigen soll.[56]

Tabelle 1: Biokraftstoffziele ausgewählter Länder

	Indonesien (2010)	EU (2020)	Deutschland (2020)	USA (2022 / 2030)
Biokraftstoffanteil energetisch	10%	10%	17%	10% / 30%

Quellen: Nylund et al. (2008), WBGU (2008).

3.1.2 Europäische Union

In Europa hat die EU 2003 mit der Biokraftstoffrichtlinie (2003/30/EG) und der Richtlinie zur Besteuerung von Energieerzeugnissen (2003/96/EG) gewissermaßen den Startschuss für eine umfangreiche Nutzung der Biokraftstoffe gegeben. Darin werden ein energetischer Biokraftstoffanteil am Spritaufkommen von 5,75% für das Jahr 2010 als gemeinsames Ziel erklärt und die Mitgliedstaaten aufgefordert, geeignete Maßnahmen zur Förderung zu ergreifen. Die Energiesteuerrichtlinie 2003/96/EG erlaubt den Mitgliedstaaten, dazu Biokraftstoffe sowohl als Beimischung wie auch in Reinform von der Steuer zu befreien. Im Januar 2008 hat die EU-Kommission eine überarbeitete Richtlinie über Biokraftstoffe als Teil einer breit angelegten Richtlinie zur Förderung der Nutzung von Erneuerbaren Energien vorgeschlagen. Darin gibt die Kommission für 2020 einen energetischen Biospritanteil von 10% an (siehe Tabelle 1) und schlägt erstmals Nachhaltigkeitskriterien vor (siehe Kapitel 6.1).

Deutschland hat die europäischen Richtlinien umgehend in deutsches Recht umgesetzt und 2004 sämtliche Biokraftstoffe von der Mineral- und Ökosteuer befreit. Der danach sehr stark ansteigende Biokraftstoffabsatz verursachte allerdings in kürzester Zeit Steuerausfälle über 1 Mrd. Euro pro Jahr mit wachsender Tendenz. 2006 beschloss die Regierung daher, wieder in eine Besteuerung einzusteigen und sie schrittweise anzuheben. Die Steuerbegünstigung für

---

[55] Vgl. Henke (2005), S. 9 ff.
[56] Vgl. Nitsch & Giersdorf (2005), S. 12.

reines Pflanzenöl und Biodiesel endet danach 2011, im darauf folgenden Jahr soll der allgemeine Steuersatz gelten. In der Landwirtschaft eingesetztes Pflanzenöl bleibt ebenso wie reines Bioethanol (E85), Biogas und synthetische Biokraftstoffe vorerst bis 2015 von der Steuer befreit, solange dadurch keine Überkompensation verursacht wird.[57] Die drastisch gestiegenen Produktionskosten für Biodiesel und der sich in der Realität als zu schnell erwiesene Steueranstieg hat die Regierungskoalition dazu veranlasst, die nächste Steueranhebung 2009 auf 3 Cent zu halbieren.[58]

Im Gegenzug zum Wiedereinstieg in die Biokraftstoffbesteuerung gilt ab 2007 eine obligatorische Beimischungspflicht, die schrittweise angehoben wird. Nach dem Biokraftstoffquotengesetz beträgt gegenwärtig (2008) die Quote für Benzin 2% und für Diesel 4,4% (energetisch). Bis 2015 sollte eine Gesamtquote von 8% erreicht werden, die jetzt aber aus Nachhaltigkeitsgründen sowie der Rücknahme der geplanten E10-Beimischung für Benzin nach aktuellen Beschlüssen auf 6,25% bis 2014 nach unten korrigiert wurde. An dem ehrgeizigen Ziel, einen energetischen Anteil von 17% bis 2020 zu erreichen, hält die Bundesregierung aber fest (siehe Tabelle 1).

Tabelle 2: Biokraftstoffquoten in ausgewählten Ländern

	2008	2010/2012	2015/2017
Deutschland	2% / 4,4 %*	6,25%	8%
Frankreich	5,75%	7%	
Großbritannien	3,75%	5%	
Spanien	1,9%	5,83%	
Indien	5%**		- / 20%* (2017)
China	10%**		
Indonesien	3-5% / 2,5%*		
Brasilien	20-25% / 2%*	- / 5% (2012)	

* Einzelquoten für Bioethanol / Biodiesel ** Bioethanolquote in einigen Provinzen.
Quellen: WBGU (2008), EurObserv'ER (2008), GTZ (2006), Henke (2005).

In anderen EU-Staaten wird ebenfalls das Beimischungsprinzip verfolgt. Frankreich will eine Gesamtquote von 7% bis 2010 mit einer neu eingeführten Steuer für die Kraftstoffanbieter erreichen. In Großbritannien müssen Kraftstoffanbieter, wenn sie der gesetzlichen Beimischungspflicht nicht in vollem Umfang nachkommen, gemäß der fehlenden Menge 15 Pence je Liter Strafzahlung leisten.

---

[57] Vgl. BMU (2008a).
[58] Vgl. UFOP (2008a).

Die Quote soll bis 2011 auf 5% anwachsen, was noch unter dem EU-Ziel für 2010 wäre. Die britische Regierung begründet dies einerseits mit den derzeitigen europäischen Normen, die nur eine fünfprozentige Beimischung zulassen, andererseits damit, dass eine darüber hinausgehende Beimischung ökologisch nachhaltig nicht möglich sei. Spanien übernimmt dagegen die Vorgaben der EU und setzt für 2010 eine Zielquote von 5,83% fest. Darüber hinaus schafft das Land sehr günstige Rahmenbedingungen, indem bis Ende 2012 eine völlige Steuerbefreiung vorgesehen ist.[59]

3.1.3 Süd- und Ostasien

Auch in Asien gibt es in einigen Ländern Bemühungen günstige Rahmenbedingungen für den Biokraftstoffeinsatz zu schaffen und ihren Anteil am Kraftstoffaufkommen sukzessive zu erhöhen. In mehreren chinesischen Provinzen wird Bioethanol bereits zu 10% dem Benzin beigemischt. China, größter Ethanolproduzent Asiens, weitet seine Programme weiter aus; ebenso Indien, das an zweiter Stelle steht und sich eine landesweite zehnprozentige Beimischungsquote zum Ziel gesetzt hat.[60] Seit 2006 kann Diesel in Indonesien bis zu 10% biogenen Treibstoff enthalten. Staatliche Subventionen für fossilen Treibstoff wurden ein Jahr zuvor abgebaut, um die heimische Biodieselindustrie wettbewerbsfähig zu machen. Indonesien und Malaysia wollen zukünftig vor allem den EU-Markt beliefern und zu einen der größten Biodieselexporteuren aufsteigen. Die beiden Staaten haben sich darauf verständigt, 40% der Palmölexporte für Biokraftstoffe vorzubehalten.[61] Weil Japan über keine landwirtschaftlichen Überschüsse verfügt, verhandelt der Inselstaat mit Brasilien über mögliche Importe.

3.2 Marktentwicklung und Marktsituation

3.2.1 Marktentwicklung bisher

Die Idee Kraftstoffe aus Biomasse statt aus fossilem Öl in den Tank zu füllen, ist keineswegs ein Resultat der Ressourcen- und Klimaprobleme der heutigen Zeit. So fuhr das T-Modell von Henry Ford aus dem Jahre 1908 ebenso wie mehrere andere frühe Automodelle mit Bioethanol und wurde dafür auch speziell konzipiert.[62] Der Siegeszug des Erdöls als billiger und reichlich verfüg-

---

[59] Vgl. EurObserv'ER (2008).
[60] Vgl Henke (2005), S. 18.
[61] Vgl. WWF (2007), S. 19.
[62] Vgl. Nylund et al. (2008), S. 49.

barer Energieträger verdrängte jedoch Biokraftstoffe und andere bereits in den Anfängen des automobilen Zeitalters weit verbreitete Treibstoffe vom Markt zeitweise fast vollständig.

Dies änderte sich erst 1975 als Brasilien mit „Proálcool" das erste und sehr umfangreiche Biokraftstoffförderprogramm ins Leben rief, um Ölimporte zu reduzieren und stattdessen die inländische Produktion von Ethanol aus Zuckerrohr intensiv zu fördern.[63] Die USA folgten 1978 mit einer steuerlichen Förderung für Bioethanol und waren gemeinsam mit Brasilien, fast allein für die globale Biokraftstoffherstellung und in den 1970er und 1980er Jahren verantwortlich. In der EU begann die Produktion von Bioethanol erst Mitte der 1990er Jahre und bleibt bis heute weit hinter den beiden Spitzenreitern zurück.[64] Insgesamt hat sich die Bioethanolproduktion in den letzten 25 Jahren mehr als verzehnfacht und stieg insbesondere in den letzten Jahren seit 2000 rasant an.

Die Herstellung von Biodiesel begann weltweit erst Anfang der 1990er Jahre in der EU und hier insbesondere in Deutschland, wuchs aber stetig an und steigerte in den letzten Jahren ab 2003, seitdem die EU steuerliche Förderung in den Mitgliedstaaten zulässt, geradezu explosionsartig ihr Wachstum. Noch heute ist die EU mit Abstand der größte Biodieselproduzent.[65]

3.2.2 Biokraftstoffmarkt heute

Das bisherige Wachstum des Biokraftstoffmarktes ist beachtlich und hat in den letzten Jahren mit Blick auf eine nachhaltige Nutzung für manche Kritiker mit geradezu dramatischer Geschwindigkeit zugelegt. Dennoch ist der Anteil am weltweiten Kraftstoffmarkt mit unter 2% immer noch verschwindend klein.[66] Aus der Vielzahl an möglichen Biokraftstoffen sind Bioethanol mit 28,6 Mio. toe und Biodiesel mit 7,9 Mio. toe (Zahlen 2007) die einzigen in größeren Mengen produzierten Kraftstoffe aus Biomasse. Ihr Anteil am Gesamtmarkt der Biokraftstoffe beträgt derzeit 77% (Bioethanol) beziehungsweise 21% (Biodiesel). Nur in einzelnen Ländern spielen noch andere Biokraftstoffe eine gewisse Rolle – so zum Beispiel die direkte Nutzung von Pflanzenöl in Deutschland oder Biogas in Schweden.[67]

---

[63] Vgl. GTZ (2006), S. 41.
[64] Vgl. Henke (2005).
[65] Vgl. FAO (2008a), S. 15.
[66] Weltweiter Energieverbrauch für Transport: Erdöl 2106 Mio. toe (2006), Biokraftstoffe 37 Mio. toe (2007).
[67] Vgl. FAO (2008a), S. 15.

3.2.2.1 USA und Brasilien

Fast 90 Prozent des weltweiten Bioethanols wird in den USA und in Brasilien produziert (siehe Abbildung 5). Brasilien hat seine langjährige Spitzenposition als größter Biokraftstoffproduzent 2006 an die USA abgeben müssen. Dennoch ist in dem südamerikanischen Staat der Einsatz alternativer Kraftstoffe am weitesten fortgeschritten. Bioethanol wird entweder zu Benzin beigemischt oder als Reinkraftstoff (E100) in einem flächendeckenden Tankstellennetz angeboten, den so genannte Flexible-Fuel-Fahrzeuge (FFV) tanken können. Die FFV erfreuen sich wachsender Beliebtheit bei den Brasilianern, weil sie Benzin und Bioethanol in beliebigen Mischungsverhältnissen vertragen können. 90% aller Neufahrzeuge und 20% des gesamten Fahrzeugbestandes sind die 2003 auf den Markt eingeführten FFV. 2012 könnte bereits jedes zweite Auto ein FFV sein.[68] Biodiesel spielt dagegen noch kaum eine Rolle. Insgesamt decken Biokraftstoffe in Brasilien 22 energiebezogene Prozent des gesamten Kraftstoffbedarfs ab (siehe Tabelle 3).[69]

Abbildung 5: weltweite Bioethanolproduktion 2007 (in Mio. toe)

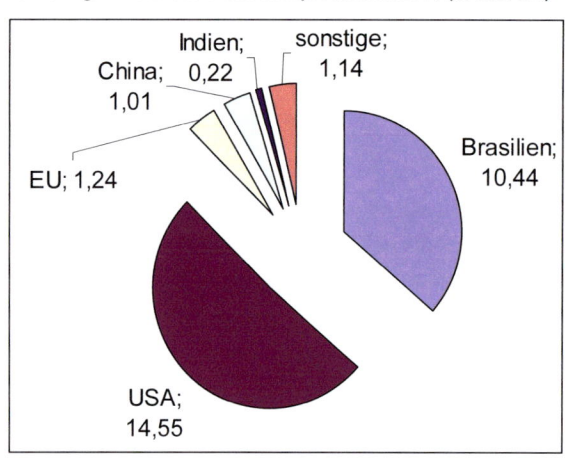

Quellen: FAO (2008a), EurObserv'ER (2008).

Entsprechend dem weitaus höheren Kraftstoffbedarf in den Vereinigten Staaten deckt die dortige Biokraftstoffproduktion, die größte weltweit, nur etwa 2 energetische Prozent des gesamten Bedarfs (Stand 2006).[70] Bioethanol wird in den USA vorwiegend als zehnprozentiger Anteil zu Benzin entweder direkt oder in

---
[68] Vgl. LAB (2008).
[69] Vgl. GTZ (2006).
[70] Vgl. EIA (2008), S. 81 ff.

Form von Ethyl-Tertiär-Butyl-Ether (ETBE), der den fossilen Methyl-Tertiär-Butyl-Ether (MTBE) ersetzt, beigemischt.[71] Zwar fahren in den USA bereits über 6 Mio. FFV, die Zahl der Ethanoltankstellen (E85) gibt sich mit etwa 1.000 Stück in Anbetracht der Größe des Landes noch bescheiden.[72] Der Biodieselmarkt hat sich in den letzten Jahren auch in den USA entwickelt, wirft aber im Vergleich zum Ethanol weniger als ein Zehntel der Menge ab. Ein Großteil der Biodieselproduktion ging 2007 in den Export nach Europa,[73] wo über drei Viertel des weltweiten Biodiesels abgesetzt werden.

3.2.2.2 Europäische Union

Anders als auf dem amerikanischen Kontinent dominiert in Europa Biodiesel den Biokraftstoffmarkt (siehe Abbildung 6), was nicht zuletzt der Tatsache geschuldet ist, dass mittlerweile der europäische Straßenverkehr mehr Diesel als Benzin nachfragt (2006: 61,5% Diesel, 36,9% Benzin), die Raffinerien ursprünglich aber anders ausgelegt wurden. So produzieren sie heute mehr Benzin aber weniger Diesel als der Markt verlangt. Biodiesel gleicht das Defizit beim Diesel etwas aus.[74] In den USA ist es übrigens genau andersherum und erklärt damit den hohen Bioethanolanteil: über 71% der Kraftstoffnachfrage entfällt auf Benzin (2006).[75]

Abbildung 6: weltweite Biodieselproduktion 2007 (in Mio. toe)

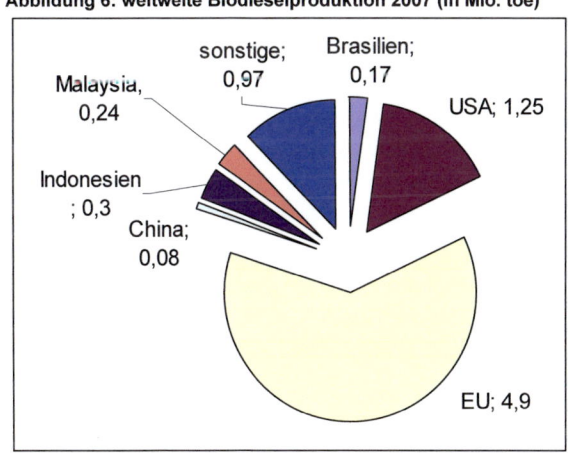

Quellen: FAO (2008a), EurObserv'ER (2008).

---

[71] Vgl. Henke (2005), S. 11 ff.
[72] Vgl. LAB (2008).
[73] Vgl. EurObserv'ER (2008).
[74] Vgl. EurObserv'ER (2008).
[75] Vgl. EIA (2008), S. 81 f.

2007 erreichte in der EU 27 der Biokraftstoffanteil 2,6% des Kraftstoffbedarfs oder 7,69 Mio. toe. Davon entfielen 75% auf Biodiesel, 15% auf Bioethanol und etwa 10% auf unbehandelte Pflanzenöle. Auch in Europa haben der Konsum und die Produktion von Biokraftstoffen in den letzten Jahren, bedingt durch steuerliche Förderungen, enorm zugenommen. Allerdings schwächte sich 2007 das Wachstum mit einem gewiss immer noch deutlichen Plus von 37,4% gegenüber dem Vorjahr (86,9%) merklich ab. Besonders der Verbrauch von Bioethanol nahm nur unterdurchschnittlich zu und ging in Deutschland zum Beispiel sogar leicht zurück (-3,8%). Verantwortlich für das gebremste Wachstum sind einerseits ein starker Preisanstieg des Weizens, einer der Bioethanol-Rohstoffe, und andererseits eine Einschränkung der Steuervorteile für Biodiesel in Deutschland zum 1. August 2006. Weil mehr als die Hälfte des europäischen Spritkonsums in Deutschland abgesetzt wird, ist es nahe liegend, wie sehr die hiesigen Marktbedingungen den gesamten europäischen Markt beeinflussen.

Insgesamt wurden in Deutschland 4 Mio. toe Biokraftstoffe, das entspricht einem Marktanteil von 7,3%, mehr als in jedem anderen EU-Land, abgesetzt (siehe Tabelle 3). Davon entfielen auf Biodiesel 2,96 Mio. toe, auf Bioethanol 0,29 Mio. toe und 0,75 Mio. toe auf unbehandeltes Pflanzenöl. Der erneute Spitzenwert kann nicht darüber hinwegtäuschen, dass gerade die steuerlichen Maßnahmen ihre negativen Wirkungen zeigen. Das Wachstum fiel 2007 mit 15,2% im Vergleich zum Vorjahr (86,2%) sehr moderat aus und ist auch nur dem Zuwachs an Biodiesel geschuldet, da Bioethanol, wie erwähnt, weniger verkauft wurde.[76] 2008 könnte die Bilanz erneut getrübt werden und das Wachstum eine weitere Delle bekommen. Anfang des Jahres 2008 brach die heimische Biodieselproduktion in Deutschland regelrecht ein. Drastisch steigende Rohstoffpreise für Rapsöl und steigende Steueranteile ließen keine kostendeckende Verarbeitung mehr zu. Eine Tonne Rapsöl kostete zuweilen mehr als eine Tonne Biodiesel.[77] Dies traf die Branche besonders empfindlich, weil nur ein Teil des Biodiesels in Deutschland als Diesel-Beimischung gemäß der gesetzlichen Vorgabe abgesetzt wird, dagegen etwa drei Fünftel als Reinkraftstoff vor allem an Spediteure verkauft werden, die aber nun mit steigenden Preisen wieder mineralischen Diesel tankten. Bioethanol wird hingegen vorwiegend als ETBE dem Benzin beigemischt. Der Absatz von Reinkraftstoff spielt noch keine Rolle und betrug 4.480 toe (E85) an den zirka 100 bestehenden Tankstellen im Land.[78]

---

[76] Vgl. EurObserv'ER (2008).
[77] Vgl. UFOP (2008b).
[78] Vgl. BMF (2008), S. 8 f.

Tabelle 3: Biokraftstoffanteil am Endenergieverbrauch im Straßenverkehr 2007

USA	Brasilien	EU	Deutschland	China	Indien	Welt
2%*	22%*	2,6%	7,3%	2,5%	3%**	2%**

* Stand 2006, ** Stand 2004.

Quellen: EurObserv'ER (2008), EIA (2008), GTZ (2006).

Die steigende Nachfrage in Europa bedingt durch günstige Rahmenbedingungen aber auch Erfüllungspflichten in Form steigender Beimischungsquoten hat 2007 dazu geführt, dass Importe von Biokraftstoffen erstmals einen nennenswerten Anteil am Verbrauch erreicht haben. Importe spielten bis dato insofern keine maßgebliche Rolle, weil die EU mit hohen Schutzzöllen – bei Bioethanol 45% und bei Biodiesel und Pflanzenöle von 0-15% des Zollwertes[79] – einen internationalen Handel zum Schutz der heimischen Produktionsfirmen praktisch vollständig unterbunden hat. Steigende Rohstoffpreise, sinkende Steuerbegünstigungen wie in Deutschland und Subventionen anderer Länder außerhalb der EU haben die Situation jedoch verändert: 2007 produzierten die europäischen Firmen etwa 887.000 toe Bioethanol, dem stand ein Verbrauch von 1,166 Mio. toe gegenüber, eine Lücke von 24%. Beim Biodiesel lag die Spanne mit 15% etwas weniger auseinander: 4,913 Mio. toe wurden produziert und 5,774 Mio. toe verbraucht.[80]

Diese Entwicklung ist in zweierlei Hinsicht bedenklich. Erstens waren die europäischen Produktionsanlagen bei weitem nicht ausgelastet. In Deutschland stehen beispielsweise Kapazitäten für 5 Mio. t Biodiesel zur Verfügung,[81] die im letzten Jahr nur zu weniger als 60% ausgelastet waren. Die ungünstigeren Produktionsbedingungen führen dazu, dass geplante Investitionen in neue Kapazitäten zugunsten von Importen zurückgezogen werden.[82] Dies führt zweitens dazu, dass Biokraftstoffe aus Ländern mit niedrigen sozialen und ökologischen Standards importiert werden, und die positiven Klimaeffekte dieser Kraftstoffe höchst zweifelhaft sind (siehe Kapitel 5.1.4.2).

3.2.3 Marktenwicklung in Zukunft

Angetrieben von den ambitionierten Zielen in den Industrie- und Schwellenländern und den günstigen Produktionsbedingungen durch staatliche Fördermaßnahmen oder verbindliche Beimischungsquoten wird der Biokraftstoffboom in

---

[79] Vgl. Europäische Kommission (2007), S. 12.
[80] Vgl. EurObserv'ER (2008).
[81] Vgl. Simons (2008).
[82] Vgl. EurObserv'ER (2008).

den nächsten Jahren allen Erwartungen nach noch stärker an Fahrt gewinnen. Unter Berücksichtigung der aktuellen Politiken erwartet die Internationale Energieagentur (IEA), dass der Biospritanteil am Kraftstoffaufkommen von heute 2% auf 3,3% bis 2015 und 5,9% bis 2030 zunehmen wird. Weil das Kraftstoffaufkommen insgesamt zulegen wird (siehe Kapitel 2.1), ist der Zuwachs in absoluten noch deutlicher: Danach verdoppelt sich die Produktion innerhalb 8 Jahren von 37,3 Mio. toe (2007) auf 78 Mio. toe (2015). Bis 2030 könnte sich der Anteil abermals verdoppeln und 164 Mio. toe erreichen. Biodiesel und Bioethanol werden die wichtigsten Biokraftstoffe bleiben und vergleichbare Wachstumsraten aufweisen, so dass Bioethanol weiterhin mit Abstand der meist genutzte Biokraftstoff sein wird (siehe Abbildung 7).[83]

Abbildung 7: Entwicklung der Bioethanol- und Biodieselproduktion weltweit (in Mio. t)

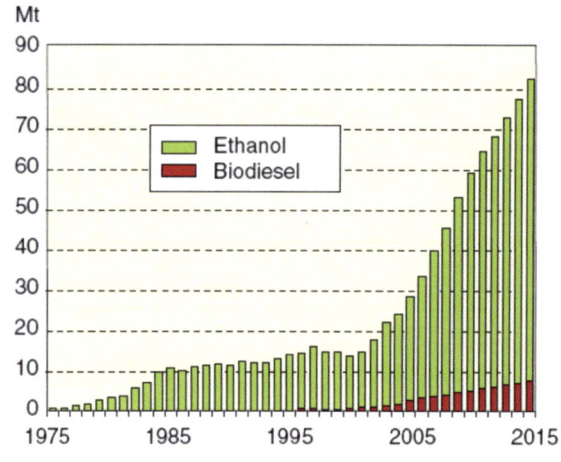

Quelle: Nylund et al. (2008).

Die größten Wachstumsmärkte werden die USA, China, Indien, die EU sowie Brasilien, Indonesien und Malaysia sein. Dabei werden die USA, China und die EU ihren Bedarf nicht mehr ausschließlich durch heimische Produktion decken können und auf Importe angewiesen sein. In Indien wird der Inlandskonsum etwas langsamer als die Produktion steigen und leichte Überschüsse für den Export erwirtschaftet werden. Zu den wichtigsten Biokraftstoffexporteuren werden Brasilien, Indonesien und Malaysia aufsteigen. 2017 wird Brasilien seine Ethanolexporte auf 4,4 Mio. toe gegenüber 2007 verdreifachen. Indone-

---

[83] Vgl. FAO (2008), S. 44.

sien und Malaysia werden in den nächsten 10 Jahren ihre Biodieselproduktion sprunghaft steigern und Indonesien der zweitgrößte Biodieselproduzent nach der EU sein.[84] Gerade in den Schwellenländern ist damit zu rechnen, dass der prognostizierte Zuwachs mit großen Anbauexpansionen auf Naturflächen einhergehen wird. (siehe Kapitel 5.1.1.1).

---

[84] Vgl. FAO (2008), S. 45 ff.

4 Biokraftstoffe im Überblick

In diesem Kapitel werden die in Kapitel 3 erwähnten marktverfügbaren wie auch weitere zukünftige Biokraftstoffe näher beschrieben und im Hinblick auf ihre Rohstoffverwendung, Energiebilanz und den für den begrenzenden Faktor Fläche entscheidenden Hektarertrag untersucht. Eine ausführliche Betrachtung der Klimabilanzen folgt in Kapitel 5.1.4. Die Übersicht erfasst nicht vollständig alle heutigen und zukünftigen Biokraftstoffe, wohl aber die wichtigsten.

Ferner wird das nachhaltige Substitutionspotenzial der jeweiligen Biokraftstoffe in Deutschland und in der EU 25 ausgehend von dem technischen Biomassepotenzial im Jahr 2020 betrachtet. Als Grundlage dienen die Daten der umweltorientierten Szenarien zweier Studien, die von mehreren wissenschaftlichen Instituten im Auftrag des Bundesumweltministeriums 2004 und 2005 erstellt worden sind (Annahmen der Szenarien im Detail siehe Anhang A3).[85] Um ungenaue Angaben zu vermeiden, wird bezüglich des Substitutionspotenzials auf eine globale Betrachtung verzichtet. So weichen die Angaben über das in Zukunft global zur Verfügung stehende technische Biomassepotenzial in vielen Studien stark voneinander ab. Unter 17 wissenschaftlichen Untersuchungen zwischen 1990 und 2001 gehen die Prognosen für 2050 um den Faktor 10 auseinander (47-450 EJ/a).[86] Danach würde allein die Biomasse 10-91% des heutigen weltweiten Primärenergieverbrauchs abdecken (Zahlen von 2006).[87] Der WBGU geht in seinem aktuellen Gutachten[88] von 10% aus

4.1 Markteingeführte Biokraftstoffe

4.1.1 Bioethanol

Bioethanol, der weltweit am stärksten verbreitete Biokraftstoff, wird als Ersatz für Benzin in Fahrzeugen mit Ottomotoren eingesetzt. In geringen Beimischungen ist er in gewöhnlichen Fahrzeugen bedenkenlos einsetzbar; hohe Anteile erfordern spezielle Motoranpassungen an den Kraftstoff, die bei Flexible-Fuel-Vehicles, welche jedes Mischungsverhältnis tanken können, am weitesten optimiert wurden. Die europäische Norm EN 228 lässt eine Beimischung von 5% Ethanol oder 15% Ethyl-Tertiär-Butyl-Ether (ETBE) ohne Kennzeichnung zu Benzin zu. ETBE besteht aus 47% Ethanol und 53% Isobutylen und wird Benzin

---

[85] „Nachhaltige Biomassenutzungsstrategien im europäischen Kontext" (2005) und „Stoffstromanalyse zur nachhaltigen energetischen Nutzung von Biomasse" (2004).
[86] Vgl. Berndes et al. (2003), S. 8.
[87] Vgl. IEA (2008b), S. 6.
[88] Anm. WBGU (2008): Welt im Wandel: Zukunftsfähige Bioenergie und nachhaltige Landnutzung

zur Verbesserung der Klopffestigkeit beigefügt. Er ersetzt das rein fossil erzeugte Antiklopfmittel Methyl-Tertiär-Butyl-Ether (MTBE). Eine in Deutschland geplante höhere Beimischung von 10% musste im April 2008 zurückgenommen werden, nachdem die Automobilverbände bei über 3 Mio. PKW eine Unverträglichkeit befürchtet hatten.[89] In den USA und in Brasilien wird Bioethanol nicht nur zu Benzin sondern auch unter Verwendung eines Additivs zu Diesel beigemischt.[90]

Chemisch gesehen, ist Ethanol ein einwertiger Alkohol, der als Trinkalkohol hinlänglich bekannt ist und durch Gärung aus Zucker oder Stärke entsteht. Als Rohstoff dienen in der Kraftstoffindustrie gängige stärke- und zuckerhaltige Ackerpflanzen, die gewöhnlich als Nahrungsmittel angebaut werden. In den USA nutzen die Ethanolhersteller hauptsächlich Mais, in Brasilien Zuckerrohr. In Europa werden dagegen Getreidearten verwendet: Weizen weist dabei die höchste Flächenproduktivität gegenüber Roggen und Triticale auf, die eine geringere Rolle spielen. Künftig könnten auch Zuckerrüben von Bedeutung sein. Die konventionelle Ethanolherstellung über Gärprozesse mit Hilfe von Mikroorganismen und Enzymen ist ausgereift und Stand der Technik (siehe Anhang A2).

Die Verwendung der Koppelprodukte ist für die Betrachtung der Energiebilanz ein entscheidender Faktor. Genauso wie der landwirtschaftliche Anbau der Rohstoffe und die Menge und Herkunft der notwendigen Prozessenergie beeinflussen auch die Koppelprodukte die energetische Bilanzierung. Es ist daher nicht überraschend, dass die bisherigen Untersuchungen entsprechend ihrer unterschiedlichen Annahmen in ihren Ergebnissen voneinander abweichen. Beispielsweise verbessert sich die Energiebilanz für Ethanol aus Zuckerrüben um den Faktor 3, wenn die die Vinasse zur Biogaserzeugung und Bereitstellung der Prozessenergie und nicht als Futtermittel verwendet wird.[91] Tabelle 4 gibt eine Übersicht über die Ergebnisse verschiedener Studien.

Generell ist die Energiebilanz von Ethanol aus Zuckerrüben, Mais oder Getreide zwar positiv, doch schneidet sie in Anbetracht des relativ hohen Prozessenergieverbrauchs (besonders für die Destillation) nur mäßig gut ab. Michael Weitz nimmt für seine wirtschaftliche Vergleichsstudie für das Output/Input-Verhältnis Durchschnittswerte von 1,2 (Weizen), 1,3 (Mais) und 1,4 (Zuckerrüben) an.[92]

---

[89] Vgl. BMU (2008b).
[90] Vgl. FNR (2006), S. 45.
[91] Vgl. Deutscher Bundestag (2007), S. 49.
[92] Vgl. Weitz (2006), S. 127.

Dagegen ist das Verhältnis bei der Erzeugung aus Zuckerrohr in Brasilien mit 9,2 nicht nur ausgesprochen gut, es liegt auch deutlich über den Werten der Produktionsketten anderer Biokraftstoffe.[93]

Tabelle 4: Energiebilanzen von Bioethanol in Abhängigkeit der Kraftstoffpfade

Publikation	Kraftstoffpfad	Output/Input-Verhältnis
Concawe 2003	Weizen (Koppelprodukte als Futtermittel)	1
	Zuckerrübe (Koppelprodukte als Futtermittel)	1,08
	Zuckerrübe (Koppelprodukt für Biogaserzeugung)	3,33
IFEU 2004	Zuckerrübe	1,2-33
	Weizen	0,96-2,56
Schmitz 2005	Getreide (Prozessenergie Erdgas)	1,43
Senn 2003	Weizen	1,32
GTZ 2005	Zuckerrohr (Brasilien)	9,2
GEMIS 4.3	Weizen (ökologischer Landbau)	2,63
	Zuckerrübe (Gutschrift Überschussstrom)	2

Quellen: Deutscher Bundestag (2007), Weitz (2006).

Betrachtet man nun das Ertragspotenzial der verschiedenen Ausgangsrohstoffe für Ethanol je landwirtschaftlicher Fläche ergibt sich ein differenziertes Bild. Erwartungsgemäß kann Ethanol auf Zuckerrohrbasis mit etwa 4200 Litern Kraftstoffäquivalent pro Hektar die höchste Produktionsleistung aufweisen. In den USA werden aus Mais als Rohstoff mit 2288 Liter weit weniger Ethanol pro Hektar erzielt. Weizen, der zwar ertragreicher als Roggen oder Triticale ist, schneidet mit 1660 Litern gegenüber den anderen Rohstoffen am schlechtesten ab, wogegen Zuckerrübe mit 4054 Litern nahe an die hohen Zuckerrohrerträge heranreicht.[94]

Der Anbau von Weizen und Zuckerrüben stößt flächenmäßig weit weniger an Grenzen als es beispielsweise beim Rapsanbau der Fall ist (siehe Kapitel 4.2.1). 2007 wurde in Deutschland auf 2,99 Mio. ha Weizen und auf 402.000 ha Zuckerrüben angebaut.[95] Nach Weitz werden danach für Zuckerrüben weniger als 25% des möglichen Flächenpotenzials genutzt. Ob allerdings Zuckerrübe im großen Maßstab für die Ethanolproduktion verwendet werden wird, bleibt noch

---

[93] Vgl. CT Brasil (1995).
[94] Vgl. FNR (2008a).
[95] Vgl. Statistisches Bundesamt (2008), S. 341.

abzuwarten. Derzeit plant die Nordzucker AG als erstes Unternehmen eine Ethanolanlage auf Zuckerrübenbasis, eine Integration der Zuckerrübenverarbeitung in bestehende Anlagen ist bei dem Tochterunternehmen CropEnergies AG vorgesehen.[96] Weizen und Zuckerrüben haben als Energiepflanzen prinzipiell den Nachteil, dass sie hohe Ansprüche an den Boden stellen. Roggen und Triticale sind bezüglich Pflege und Düngung genügsamer, wachsen auch auf schwachen Böden, erreichen aber nicht die Flächenproduktivität von Weizen.[97]

2020 stehen in Deutschland nach dem Nachhaltigkeitsszenario der „Stoffstromanalyse zur nachhaltigen energetischen Nutzung von Biomasse" 3,26 Mio. ha Ackerland für den Energiepflanzenanbau zur Verfügung. In der EU 25 werden es im gleichen Jahr 29,36 Mio. ha sein (Szenario „Environment+" der Studie „Nachhaltige Biomassestrategien im europäischen Kontext"). Unter Einhaltung der Fruchtfolge und der Annahme, Weizen, Zuckerrübe und Mais im Verhältnis 50:20:30 auf den Flächen anzubauen, ergibt sich eine jährliche Menge von 5, 98 Mio. toe für Deutschland und 53,85 Mio. toe für die EU 25. Diese Menge könnte 13,9% bzw. 15,7% des gesamten Kraftstoffbedarfs decken (siehe Abbildung 9). Diese Zahlen unterstellen, dass die Freiflächen ausschließlich für die Kraftstofferzeugung verwendet werden. Tatsächlich wird aber zumindest ein Teil der Flächen für den Biomasseanbau zur Strom- und Wärmeerzeugung sowie zur stofflichen Nutzung nachwachsender Rohstoffe Verwendung finden. Daher dürfte eine Halbierung des Potenzials einem realistischen Wert näher kommen. Unter dieser Annahme wären Deutschland und die EU zur Erreichung ihrer Ziele (2020: EU 10%, Deutschland 17% Biokraftstoffanteil) auf Importe angewiesen. Zu berücksichtigen ist auch, dass die Ethanolproduktion durch die relativ schlechte Energiebilanz zusätzlich fossile Energie benötigt, die eingesparten Energieimporte also in einer Gesamtbilanz geringer ausfallen dürften.

4.1.2 Pflanzenölbasierte Kraftstoffe

4.1.2.1 Biodiesel (FAME)

Biodiesel ist nach Bioethanol der weltweit meist verwendete Biokraftstoff. In geringen Mengen ist er in Dieselfahrzeugen problemlos einsetzbar. In der EU erlaubt die Norm EN 590 einen Anteil von 5% Biodiesel im mineralischen Diesel. 2009 soll die Höchstgrenze auf 7% angehoben werden. Höhere Mischungsverhältnisse können je nach Fahrzeugtyp gewisse Anpassungen

---

[96] Vgl. Weitz (2006), S. 77 f.
[97] Vgl. Deutscher Bundestag (2007), S. 46.

erfordern, weil Biodiesel als Lösemittel wirkt und Kunststoff- und Gummibauteile wie Dichtungen in der Einspritzpumpe oder in den Kraftstoffschläuchen angreift. Einige Automobilhersteller geben ihre Fahrzeugmodelle für Biodiesel ab Werk frei, oder bieten Umrüstpakete an.

Biodiesel ist ein Fettsäuremethylester (FAME), der auf Basis von Pflanzenölen oder aber auch Tier- und Altfetten hergestellt werden kann. Die Biodieselherstellung ist technisch ausgereift und folgt unabhängig von den verwendeten Rohstoffen den gleichen Verfahrensschritten (siehe Anhang A2). Die wichtigsten Pflanzenöle für die Biodieselproduktion sind weltweit betrachtet Rapsöl (48%), Sojaöl (22%) und Palmöl (11%).[98] Im europäischen Raum hat sich Raps unter den möglichen Ölfrüchten als Rohstoffpflanze durchgesetzt. Sonnenblumen kommen in unseren Breiten ebenfalls in Frage, ihr Öl ist allerdings in der Produktion teurer als Rapsöl.[99] In Nord- und Südamerika, insbesondere in den USA, dient vor allem Sojaöl als Ausgangsrohstoff für die Biodieselproduktion. In Brasilien sollen mit Hilfe staatlicher Förderung mindestens 50% des Biodiesels künftig aus Rizinusöl hergestellt werden um die Kleinbauern zu unterstützen (siehe Kapitel 6.1).[100] Palmöl wird dagegen hauptsächlich in Südostasien verwendet. Die Palm- und Sojaölnutzung ist allerdings umstritten, weil dem starken Anbauzuwachs in den letzten Jahren – weltweit stieg die Anbaufläche von 1990 bis 2007 für Soja um 50% und für Ölpalme um über 100%[101] - Primärwälder zum Opfer fielen. In Anbetracht der hohen Hektarproduktivität der Ölpalme, die im globalen Durchschnitt um den Faktor 5 über der des Raps liegt,[102] bietet Palmöl entscheidende Vorteile und kann als Rohstoff nicht prinzipiell ausgeschlossen werden. In Indien und China wird für die Ölgewinnung zunehmend auch die Purgiernuss *(Jatropha curcas)* angebaut. Sie bietet den Vorteil, auch in semi-ariden Regionen auf kargen, erodierten Böden, die nicht mehr landwirtschaftlich genutzt werden können, zu wachsen.

Betrachtet man nun die Energiebilanz von Biodiesel, hängt das Verhältnis zwischen Energie-input und –output wie schon beim Bioethanol, ganz entscheidend von der Verwendung der Koppelprodukte wie Stroh, Extraktionsschrot und Glycerin ab. Nachdem etwa beim Raps nur 30 Prozent der in der Pflanze gespeicherten Energie in Form von Öl vorliegt, könnte die Energieausbeute mehr als verdoppelt werden, wenn zusätzlich Biogas aus dem Rapsschrot und

---

[98] Vgl. Kemnitz (2008), S. 22.
[99] Vgl. FNR (2007), S. 15 f.
[100] Vgl. Nitsch & Giersdorf (2005), S. 13.
[101] Vgl. FAO (2008b).
[102] Vgl. Pastowski et al. (2007), S. 13 f.

synthetische Kraftstoffe aus dem Rapsstroh hergestellt werden würde. Der Kraftstoffertrag je Hektar würde so von gut 1400 Litern auf 3000 Litern Dieseläquivalent ansteigen.[103] Wenn Glycerin, das bei der Veresterung als Nebenprodukt anfällt, beispielsweise nicht energetisch oder als Futtermittel verwendet sondern als Grundstoff in der Pharmaindustrie eingesetzt wird und synthetisch hergestelltes Glycerin ersetzt, überstiege die dadurch gutgeschriebene Energie die gesamte Menge des Energieinputs der Biodieselproduktion. Allerdings ist der Absatzmarkt für Glyzerin in Reinform sehr klein und es herrscht mittlerweile ein Überangebot an Glycerin aus der Biodieselerzeugung.

Neben der Nutzung der Koppelprodukte und ihrer Einbeziehung in die Energiebilanz spielen insbesondere die Annahmen für den Düngemitteleinsatz eine maßgebliche Rolle und variieren die Ergebnisse der Energiebilanzen. Die Tabelle 5 zeigt eine Übersicht über die Ergebnisse verschiedener Studien auf Basis von Rapsmethylester. Zur besseren Vergleichbarkeit wird ein Durchschnittswert des Output/Input-Verhältnisses von 2,2 angenommen, ohne Berücksichtigung des Rapsstrohs, das allein 42% der Gesamtenergie beinhaltet[104] und ohne Verwendung von Glycerin in der pharmazeutischen Industrie, das, wie erwähnt, einen negativen Energieeinsatz in der Gesamtkalkulation zur Folge hätte. Doch auch mit diesen Einschränkungen wird deutlich, dass die Energiebilanz von Biodiesel deutlich besser ausfällt als die von Bioethanol aus Mais, Zuckerrübe oder Weizen (Output/Input-Verhältnis 1,2 – 1,4).

Tabelle 5: Energiebilanzen von Biodiesel in Abhängigkeit der Kraftstoffpfade

Publikation	Kraftstoffpfad	Output/Input-Verhältnis
Concawe 2003	RME (Glycerin pharmazeutisch genutzt)	2,56
	RME (Glycerin als Futtermittel)	2,27
IFEU 2004	RME	2
GEMIS 4.3	RME (ohne Gutschriften)	1,92
	RME (ökologischer Landbau, ohne Gutschriften)	2,27

Quelle: Deutscher Bundestag (2007).

Bei den Hektarerträgen weist Raps mit 1410 Litern Dieseläquivalent[105] einen mittleren Wert auf. Jatropha liefert mit 1583 Litern[106] vergleichbare Erträge, Soja

---

[103] Vgl. Weitz (2006), S. 71 f.
[104] Vgl. Weitz (2006), S. 63.
[105] Vgl. FNR (2008a).
[106] Vgl. GTZ (2006), S. 39.

schneidet mit 372 Litern[107] weitaus schlechter ab, wogegen Ölpalme mit 5005 Litern[108] der bislang effizienteste Pflanzenrohstoff für Biokraftstoffe überhaupt ist und damit noch bessere Werte erreicht als Zuckerrohr.

Die Problematik der Soja- und Palmölnutzung wurde bereits kurz aufgegriffen und wird in Kapitel 5.1.1 noch ausführlicher betrachtet werden. Raps hat den Nachteil, dass er keine selbstverträgliche Pflanze ist und aus Gründen der Fruchtfolge nur alle fünf Jahre auf Flächen angebaut werden sollte. Weil in dieser Anbaupause auch nicht Zuckerüben oder Sonnenblumen gepflanzt werden können, um einer Ausbreitung von Schädlingen, etwa wirtspezifischen Nematoden, vorzubeugen, ist Raps auch nur bedingt mit anderen Energiepflanzen in der Fruchtfolge kombinierbar, was die Flächennutzung weiter einschränkt.

Mit 1,548 Mio. ha im Jahr 2007[109] kommt der Rapsanbau in Deutschland schon fast an seine Grenzen, die die Fachagentur für Nachwachsende Rohstoffe bei 1,8 Mio. ha[110] sieht. Daraus folgt, dass die in Deutschland und Europa 2020 zur Verfügung stehenden landwirtschaftlichen Flächen bereits das Anbaupotenzial von Raps übertreffen. In der hier vorgenommenen Potenzialanalyse wurde nur Rapsöl als Rohstoff zugrunde gelegt und daher wurden nur 20% der Gesamtackerfläche für den gesamten Rapsanbau und 15% für jenen für energetische Nutzung angenommen, anstelle der gesamten Freiflächen, die in Deutschland 27% und in der EU 25 30% der Ackerfläche 2020 ausmachen (siehe Anhang A3). Selbst diese Annahme dürfte noch optimistisch sein, da nicht prinzipiell jeder Boden für den Rapsanbau geeignet ist.[111]

Das maximale Potenzial für Biodiesel liegt danach in Deutschland bei einer Menge von 2,17 Mio. toe und in der EU 25 bei 17,63 Mio. toe, was in beiden Fällen einem Anteil von 5,1% des gesamten Kraftstoffverbrauchs im Jahr 2020 entspricht (siehe Abbildung 9). Mit Biodiesel aus heimischen Raps sind folglich weder die Biokraftstoffziele in der EU noch in Deutschland zu erreichen. Die eingeschränkte Flächennutzung beim Raps und die höhere Flächenproduktivität von Ölpalme bei gleichzeitig geringeren Produktionskosten stellt die wirtschaft-

---

[107] Vgl. WWF (2007), S. 9.
[108] Vgl. FAO (2008a), S. 62.
[109] Vgl. Statistisches Bundesamt (2008), S. 347.
[110] Vgl. Kemnitz (2008).
[111] 20 Prozent der Ackerfläche entsprechen 2,38 Mio. ha, damit liegt die Annahme über der Annahme der Fachagentur für Nachwachsende Rohstoffe.

liche Attraktivität von Importen in den Raum und macht die Notwendigkeit von nachhaltig produziertem Palmöl deutlich. Alternativen wie Rizinusöl aus Brasilien oder Jatrophaöl aus Indien werden in naher Zukunft kaum eine bedeutende Rolle im globalen Biokraftstoffmarkt spielen.

4.1.2.2 Pflanzenöl

Eine Alternative zu Biodiesel besteht darin, Pflanzenöl direkt als Kraftstoff in Dieselfahrzeugen zu nutzen. In Deutschland ist unverestertes Pflanzenöl als Biokraftstoff von gewisser Bedeutung und ist auch mengenmäßig mit 838.000 Tonnen im Jahr 2007 nach Biodiesel der zweitwichtigste Biokraftstoff noch deutlich vor Bioethanol.[112] Global betrachtet, ist reines Pflanzenöl derzeit ein Nischenprodukt, das allerdings in der Landwirtschaft weiterhin eine Rolle spielen kann, da es durch Kaltpressung in kleinen dezentralen Ölmühlen hergestellt werden kann und es keine Infrastruktur im großindustriellen Maßstab benötigt. In der Landwirtschaft liegt auch der wesentliche Absatzmarkt in Deutschland.

Pflanzenöl kann in älteren Dieselfahrzeugen mit nur geringen Umrüstungen an Kraftstofffilter und Kraftstoffleitungen, die wegen der höheren Viskosität von Pflanzenöl gegenüber fossilem Diesel notwendig sind, genutzt werden. Alte Fahrzeuge mit Vorkammermotoren können mit Pflanzenöl problemlos betrieben werden. Moderne Modelle mit Common-Rail-Technik müssen dagegen mit einem Zwei-Tank-System ausgestattet werden. Speziell entwickelte Pflanzenöl-Motoren wie der Elsbett-Motor waren bis 1994 erhältlich, werden aber aus Kostengründen seitdem nicht mehr produziert und ein Wiedereinstieg ist nicht absehbar.[113]

Da Pflanzenöl ein Vorprodukt von Biodiesel ist, kommen die gleichen Ausgangsrohstoffe in Frage (siehe Kapitel 4.1.2.1). Allerdings ist es bei Pflanzenöl als Naturprodukt nicht unproblematisch eine gleich bleibend hohe Kraftstoffqualität zu garantieren.[114] Palmöl als reinen Pflanzenölkraftstoff zu nutzen, ist aufgrund des hohen Schmelzpunktes (27-43° C) problematisch und nicht wahrscheinlich.[115]

---

[112] Vgl. Kemnitz (2008).
[113] Vgl. Pastowski et al. (2007), S. 27.
[114] Vgl. Deutscher Bundestag (2007), S. 44.
[115] Vgl. Pastowski et al. (2007), S. 27.

Betrachtet man die Energiebilanz, so schneidet Pflanzenöl ebenfalls besser ab als Biodiesel, sofern man keine pharmazeutische Nutzung des Nebenproduktes Glycerin berücksichtigt. Das Output/Input-Verhältnis beträgt etwa 3,35.[116] Da Pflanzenöl auf die gleichen Rohstoffe wie Biodiesel zurückgreift, sind sowohl die Flächenproduktivität[117] als auch das Substitutionspotenzial vergleichbar.

4.1.2.3 Hydrierte Pflanzenöle (HVO)

Die Verwendung von reinem Pflanzenöl oder Biodiesel hat den Nachteil, dass Biodiesel nur bedingt und Pflanzenöl überhaupt nicht an die Motoren angepasst sind. Die Entwicklung in der Motorentechnik wird jedoch in Zukunft verstärkt eine Anpassung des Kraftstoffes erfordern und nicht umgekehrt. Pflanzenöl und Biodiesel kommen mittlerweile hinsichtlich der Abgasnormen an ihre Grenzen. Beispielsweise kann Biodiesel als Reinkraftstoff nicht in Fahrzeugen mit Partikelfilter eingesetzt werden, darüber hinaus wird die Einhaltung der zukünftigen Euro VI Abgasnorm in Frage gestellt.[118]

Zukünftig könnten Pflanzenöle durch Hydrierung, das heißt, durch Anlagerung von Wasserstoff, zu Kohlenwasserstoffen raffiniert werden, die chemisch gesehen faktisch den fossilen Treibstoffen gleichen (identisches C-H-Summenverhältnis). Solche synthetischen Biokraftstoffe werden bereits in den Markt eingeführt. Das finnische Mineralölunternehmen Neste Oil hat 2007 die erste kommerzielle Produktionsanlage mit 170.000 t Jahresleistung des so genannten NExBTl-Kraftstoffes in Porvoo, Finnland in Betrieb genommen. 2009 soll eine zweite Anlage gleicher Größe am selben Standort die Produktion aufnehmen. Weitere Anlagen sind für 2010/2011 in Singapur und Rotterdam (je 800.000 t Jahreskapazität) sowie in Österreich als Joint Venture mit dem Unternehmen OMV (200.000 t) geplant.[119] Als Rohstoff dienen derzeit Palmöl, Rapsöl und Tierfett.[120]

Eine technische Variante beim Hydrieren ist die Mitraffination von Pflanzenölen mit Rohöl statt der Erzeugung eines reinen Biokraftstoffes sondern. Der amerikanische Mineralölkonzern ConocoPhillips begann 2006 in Cork, Irland, mit der Jahresproduktion von ca. 50.000 t so genanntem „Renewable Diesel" auf Sojabasis.[121] In Australien und Österreich sollen weitere Produktionsanlagen

---

[116] Vgl. Weitz (2006), S. 64.
[117] Der Hektarertrag liegt geringfügig höher, weil der Heizwert etwas höher ist.
[118] Vgl. Krahl et al. (2007), S. 415.
[119] Vgl. Oja (2008).
[120] Vgl. Neste Oil (2008).
[121] Vgl. ConocoPhillips (2006).

errichtet werden.[122] Der teilstaatliche Mineralölkonzern Petrobras in Brasilien hat vier Raffinerien zur Produktion von „H-Bio" aus Mineralöl und Sojaöl umgebaut, ist aber bislang noch nicht in die Massenproduktion eingestiegen, weil der Preis für Sojaöl derzeit zu hoch ist.[123]

Hydrierte Pflanzenöle haben als synthetische Kraftstoffe den Vorteil, dass sie in beliebigen Mischungsverhältnissen oder aber in Reinform getankt werden können. Zudem weisen sie geringere Werte beim Ausstoß von Partikeln, Kohlenwasserstoffen und Stickoxiden aus und sind schwefelfrei. Die Konzerne wollen mittelfristig Reststoffe und erzeugte Biomasse, die nicht in Konkurrenz zur Lebensmittelproduktion stehen, als Rohmaterial verwenden. Dies würde das Potenzial von hydrierten Pflanzenölen deutlich steigern, solange jedoch die gleichen Rohstoffe wie für Biodiesel verwendet werden, bleiben die Potenziale begrenzt.

4.1.3 Biogas

Biogas entsteht bei dem anaeroben Abbau organischen Materials durch Bakterien (Fermentation). Je nach Entstehungsart wird Biogas auch als Faulgas, Sumpfgas oder Deponiegas bezeichnet. Eine Herstellung über Synthesegas in einem thermochemischen Verfahren (Vergasung) ist ebenfalls möglich, das Endprodukt wird dann Bio-SNG (Substitute Natural Gas) genannt.

Biogas besteht zu 50–60% aus Methan und zu 40-50% aus Kohlendioxid. In geringen Mengen sind zusätzlich Schwefelwasserstoff, Wasserstoff, Stickstoff und Kohlenwasserstoffe enthalten. Biogas wird derzeit in der EU fast ausschließlich in stationären Anlagen zur Strom- und Wärmegewinnung genutzt. Dennoch eignet es sich auch als Kraftstoff im Verkehr. Wenn es zu Erdgasqualität aufbereitet wird, kann es in beliebigem Mischungsverhältnis mit Erdgas getankt oder in das Erdgasnetz eingespeist werden. Erdgasfahrzeuge sind Stand der Technik und werden von verschiedenen Autoherstellern angeboten, eine Umrüstung auf ein bivalentes Fahrzeug mit Erdgasbetrieb ist ebenfalls möglich. In geringem Umfang werden Erdgasfahrzeuge schon heute in Europa mit Biogas betrieben. Am weitesten fortgeschritten ist hier Schweden, das 1996 begonnen hat, Biogas Erdgas beizumischen und als Kraftstoff anzubieten. Derzeit werden 19% des im Land erzeugten Biogases als Kraftstoff genutzt, was etwa 24 Mio. m³ entsprechen oder 0,3% des gesamten Kraftstoffbedarfes.

---

[122] Vgl. Mason (2008).
[123] Vgl. Reuters (2008).

Der Biogasanteil des Gasgemisches an den 115 Tankstellen beträgt derzeit 54% (Zahlen von 2006, siehe Abbildung 8).[124] In der Schweiz, in Österreich und den Niederlanden wird ebenfalls bereits Biogas aufbereitet und in das Erdgasnetz eingespeist. In Deutschland wurde 2008 durch eine Änderung der Gasnetzzugangsverordnung die Biogaseinspeisung erleichtert. Derzeit speisen 13 Aufbereitungsanlagen Biogas ins Netz, 15 Anlagen befinden sich im Bau oder in der Planung.[125] Aufbereitetes Biogas soll künftig auf die Biokraftstoffquote angerechnet werden.

Abbildung 8: Biogasabsatz im Verkehr in Schweden (in Nm³)

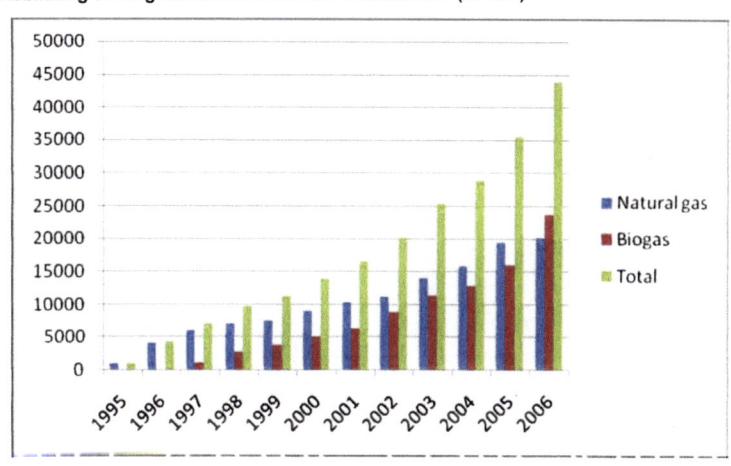

Quelle: Petersson (2008).

Für die Biogaserzeugung steht eine große Bandbreite an Rohstoffen zur Verfügung, was Biogas zu einem interessanten Biokraftstoff macht. Grundsätzlich kommen alle Formen von Biomasse in Frage, üblich in der Nutzung sind Reststoffe wie Gülle, organische Abfälle, Anbaubiomasse wie Mais oder Energiepflanzen sowie Weidegras. Nur holzartige Biomasse eignet sich nicht für die fermentative Produktion, diese kann jedoch über das thermo-chemische Verfahren zur Bio-SNG-Erzeugung genutzt werden.

Das Bio-SNG-Verfahren ist ein Vergasungsprozess bei dem ein Synthesegas erzeugt wird, das zu Bio-SNG also Biomethan weiter aufbereitet werden kann. Dieses Prinzip wird auch bei der Herstellung der BtL-Kraftstoffe angewendet.

---

[124] Vgl. Petersson (2008), S. 50.
[125] Vgl. DENA (2008).

Das Bio-SNG-Vergasungsverfahren ist derzeit in Deutschland in Demonstrationsanlagen in der Erprobung und soll ab 2015 verfügbar sein.[126] Die Biogaserzeugung über einen anaeroben Gärungsprozess ist dagegen seit langem Stand der Technik und vornehmlich in kleinen dezentralen Anlagen in der kommerziellen Anwendung (siehe Anhang A2).

Die hohe Energieausbeute in der Biogaserzeugung beeinflusst positiv die Energiebilanz dieses Biokraftstoffes. Der notwendige Energieinput ist im Verhältnis zum Output relativ gering und verkleinert sich noch, wenn die Prozesswärme über das erzeugte Biomethan gedeckt wird. Je nach Rohstoffwahl variieren die Ergebnisse: Biogas aus Reststoffen beziehungsweise aus organischem Hausmüll schneidet erwartungsgemäß am besten ab.[127] Im Mittel kann ein Output/Input-Verhältnis von 5 angegeben werden, dies entspricht dem höchsten Wert der gegenwärtig am Markt verfügbaren heimischen Biokraftstoffe.

Da bei der Erzeugung von Biogas die ganze Pflanze und nicht nur ein Teil, wie es beim Bioethanol und Biodiesel der Fall ist, genutzt wird, ist die Hektarproduktivität erwartungsgemäß hoch. Unter der Annahme von 2% Verlust durch die Gasaufbereitung zum Kraftstoff sind nach Angaben der Fachagentur für Nachwachsende Rohstoffe in Deutschland durchschnittlich 4394 Liter Benzinäquivalent für Silomais, 3676 Liter für Sudangras und 2091 Liter für Roggen je Hektar zu erwarten.[128]

Weil die Biogasherstellung nicht nur auf Anbaupflanzen sondern auch auf vielfältige Reststoffe zurückgreifen kann, erhöht sich das Substitutionspotenzial enorm. Hinzu kommen noch freiwerdende Grünlandflächen, die für Grassilage genutzt werden können. In Deutschland machen sie 2020 zwar nur 190.000 Hektar aus, in der EU 25 sind es jedoch 3,76 Mio. Hektar. Für die freien Ackerflächen wird ein Anbaumix von Mais, Sudangras und Roggen von 30:40:30 angenommen. Daraus folgt eine Biomethanmenge von 12,49 Mio. toe in Deutschland und 114,94 Mio. toe in der EU 25. Dies entspricht einem Anteil am Kraftstoffbedarf von 29,1% in Deutschland und 33,5% in der EU 25 (siehe Abbildung 9). Berücksichtigt man, dass die Hälfte des Potenzials für die stationäre Strom- und Wärmegewinnung genutzt würde, so bliebe immer noch ein Substitutionspotenzial von 14,6 bzw. 16,8% im Kraftstoffsektor. Mit Biogas

---

[126] Vgl. Thrän et al. (2007), S. 10.
[127] Vgl. Deutscher Bundestag (2007), S. 51.
[128] Vgl. FNR (2008b).

könnten zumindest die EU-Ziele erreicht werden, jedoch fehlt sowohl auf Anbieter als auch auf Nutzerseite eine entsprechende Infrastruktur. Europaweit fahren gerade einmal 830.000 Erdgasfahrzeuge[129] auf den Straßen, etwa 0,3% des gegenwärtigen Fahrzeugbestandes von über 260 Millionen.[130]

4.2 Biokraftstoffe in der Entwicklung

Die Potenziale der bisher am Markt verfügbaren Biokraftstoffe sind mit Ausnahme von Biogas begrenzt. Im Zusammenhang mit ihren ehrgeizigen politischen Zielen in Bezug auf den Biokraftstoffanteil am Treibstoffmarkt nennen deshalb die Staaten wiederholt den Einsatz von Biokraftstoffen der so genannten zweiten Generation, die höhere Marktanteile versprechen aber noch nicht verfügbar sind. Biokraftstoffe der zweiten Generation nutzen bei Anbaubiomasse die ganze Pflanze und greifen auf eine größere Zahl an Rohstoffen zurück. Biogas wird folglich auch zu der zweiten Generation gezählt. Am häufigsten werden jedoch Ethanol aus Lignozellulose und synthetische BtL-Kraftstoffe („biomass-to-liquid") genannt, in die große Erwartungen gesetzt werden und in deren Entwicklung öffentliche Hand und Industrie investieren. Am Markt sind sie noch nicht verfügbar.

4.2.1 Lignozellulose-Ethanol

Bioethanol kann prinzipiell nicht nur aus den stärke- und zuckerhaltigen Bestandteilen der Pflanze gewonnen werden, es ist ebenso möglich zellulosehaltige Fasern und so die ganze Pflanze zu nutzen. Lignozellulose enthalten die meisten Pflanzen, wobei die Anteile an Zellulose und Hemizellulose zur Vergärung genutzt werden können nicht aber das Lignin. Die erste Pilotanlage nahm das kanadische Unternehmen Iogen 2004 in Betrieb, die noch heute Ethanol aus Lignozellulose produziert. Weitere Anlagen stehen mittlerweile in den USA, in Schweden, Dänemark und China.[131] Kommerzielle Anlagen sind bisher noch nicht in Betrieb wohl aber in verschiedenen Ländern in der Planung. In Deutschland prüfen Iogen, Shell und Volkswagen gemeinsam die Machbarkeit einer Produktionsanlage. In Spanien will das Unternehmen Abengoa mit finanzieller Unterstützung des US Department of Energy bereits Ende 2010 eine kommerzielle Produktion von Ethanol aus Stroh beginnen.[132]

---

[129] Vgl. IANGV (2008).
[130] Vgl. ANFAC (2008).
[131] Vgl. Nylund et al. (2008), S. 52.
[132] Vgl. Abengoa (2007).

Stroh dient in den bestehenden Demonstrationsanlagen vornehmlich als Rohstoff. Grundsätzlich eignen sich genauso andere landwirtschaftliche Reststoffe wie Bagasse und Silagen, ebenso Resthölzer oder auch Anbaubiomasse wie Gräser oder schnell wachsende Hölzer.[133] Die Herstellung aus lignozellulosehaltigen Bestandteilen der Pflanzen erweitert die Rohstoffbasis für Ethanol damit ganz beträchtlich und verringert die Konkurrenz zur Nahrungsmittelproduktion.

Das Herstellungsverfahren beruht auf der konventionellen Ethanolerzeugung, der ein zusätzlicher Verfahrensschritt vorgeschaltet wird (siehe Anhang A2). Auf diese Weise ist es möglich, die bestehenden Ethanol-Produktionskapazitäten für die Lignozellulosenutzung umzurüsten, was die Investitionskosten beträchtlich senken und bei Marktreife einen schnellen Kapazitätszuwachs erlauben dürfte.

Weil das Verfahren noch in der Demonstrationsphase ist, sind die weiteren Parameter des Kraftstoffes schwerer zu beziffern und sehr abhängig davon, wie sich zum Beispiel die Kostenreduktion, die Energieeffizienz und der Konversionswirkungsgrad in den nächsten Jahren weiterentwickeln. Die Energiebilanz wird derzeit mit einem Output/Input-Verhältnis von etwa 3,8 angegeben. Wird nur das als Reststoff anfallende Lignin zu Energieerzeugung eingesetzt, erhöht sich die Bilanz um den Faktor 5.[134] Damit weist Ethanol aus Lignozellulose eine bei weitem bessere Energiebilanz auf wie Ethanol aus Weizen, Mais oder Zuckerrübe. Der potenzielle Hektarertrag hängt ganz maßgeblich von der Anbaupflanze ab. Da der Vorteil von Ethanol aus Lignozellulose aber in der Nutzung von Reststoffen liegt und das Potenzial von konventionellem Bioethanol ohne weiteren Flächenanspruch ergänzt, ist der Hektarertrag keine entscheidende Größe. Beispielsweise erhöht sich die Flächenproduktivität von Weizen von 1660 auf 2416 Liter Bäq je Hektar, wenn nicht nur die Frucht sondern auch das Stroh zu Ethanol vergoren werden kann.[135]

Wenn für die Ethanolgewinnung neben Reststoffen zusätzlich Anbaupflanzen verwendet werden, steigt das mögliche Substitutionspotenzial beträchtlich an. Unter Annahme von 15 Tonnen Trockenmasseertrag bzw. 263 GJ je Hektar und einem Konversionswirkungsgrad von 36% können in Deutschland 11,54 Mio. toe oder 26,9% des Kraftstoffbedarfes 2020 mit Lignozellulose-Ethanol

---

[133] Vgl. Deutscher Bundestag (2007), S. 57.
[134] Vgl. Deutscher Bundestag (2007), S. 57.
[135] Vgl. Deutscher Bundestag (2007), S. 29.

gedeckt werden. Für die EU 25 besteht bei gleichen Annahmen ein Potenzial von 108,41 Mio. toe bzw. 31,6% (siehe Abbildung 9). Bei Realisierung des halben Potenzials kann auch Lignozellulose-Ethanol nur das EU-Ziel nicht aber die Ziele der Bundesregierung erreichen.

4.2.2 BtL-Kraftstoffe

Unter dem Begriff BtL-Kraftstoffe fasst man flüssige Kraftstoffe zusammen, die synthetisch über thermochemische Vergasung von Biomasse hergestellt worden sind (BtL = Biomass-to-Liquid). BtL-Kraftstoffe sind auch unter den Produktnamen Synfuel, Sunfuel oder Sundiesel geläufig. Diese synthetischen Kraftstoffe unterscheiden sich ganz wesentlich von den bisherigen Biokraftstoffen, die, ausgenommen von hydrierten Pflanzenölen, ausschließlich über mechanische Prozesse (Extraktion) oder biochemische Verfahren (Gärung, Fermentation) gewonnen werden. Ihr Herstellungsverfahren ist weitaus komplexer, bietet aber den großen Vorteil einerseits prinzipiell jede Form von Biomasse zu nutzen und andererseits einen speziell auf die Anforderungen der Motorentechnik angepassten Kraftstoff zu erzeugen, weswegen BtL-Kraftstoffe gerne auch als so genannter „Designersprit" bezeichnet werden.

Bei synthetischen Kraftstoffen wird also im Vergleich zu Ethanol und Biodiesel der andere Weg eingeschlagen und nicht das Fahrzeug an den Sprit angepasst sondern umgekehrt. Infrastrukturelle Hemmnisse bei der Markteinführung auf der Nachfrageseite sind so nicht vorhanden, BtL-Kraftstoffe, die derzeit verfügbar sind, können in beliebiger Höhe zu Diesel beigemischt werden. BtL-Sprit als Alternative zu Benzin ist grundsätzlich ebenso denkbar, genauso wie die Erzeugung von Methanol oder gasförmigen Kraftstoffen wie Bio-SNG, Dimethylether oder Wasserstoff. Die Vielfalt an möglichen Endprodukten resultiert aus der Tatsache, dass die synthetische Kraftstoffherstellung über Biomasse-Vergasung in einem Zwischenschritt ein Synthesegas erzeugt, das Ausgangsstoff für alle oben genannten Kraftstoffe sein kann. Für die Herstellung sind gegenwärtig unterschiedliche Verfahren in der Entwicklung, Erprobung und ersten Anwendung, wobei die wesentlichen Prozessschritte sich immer gleichen (siehe Anhang A2).

Die so genannte Fischer-Tropsch-Synthese, die bei der BtL-Herstellung eingesetzt wird, wird bereits auf Basis fossiler Energieträger großtechnisch zur Dieselherstellung angewendet. Anlagen, die mit Biomasse betrieben werden, sind derzeit erst in der Erprobung. Insbesondere die Vergasung und Gasreinigung stellt sich weitaus schwieriger dar, wenn Biomasse verwendet wird.[136] Die weltweit erste kommerzielle Kleinanlage mit 15.000 Tonnen BtL-Diesel Jahreskapazität hat die Freiberger Firma Choren 2008 in Betrieb genommen. 2013 soll laut Choren die erste großtechnische Anlage mit 200.000 Tonnen Kapazität in Schwedt in Betrieb gehen.[137] Das finnische Unternehmen Neste Oil plant ebenfalls für den Zeitraum 2012 - 2014 eine erste Großanlage zur Herstellung von BtL-Diesel auf Biomassebasis (Kapazität 100.000 t).[138]

Für die Betrachtung der Energiebilanz liegen beim gegenwärtigen Entwicklungsstatus des Verfahrens nur wenige Veröffentlichungen vor. Eine Vielzahl von prozesstechnischen Varianten, die die Bilanz beeinflussen, ist denkbar. Wird zum Beispiel der Wasserstoff und die Prozessenergie aus der Biomasse gewonnen und Sauerstoff und Stickstoff über Luftzerlegung gewonnen, liegt das Output/Input-Verhältnis bei über 30.[139] Realistischer ist allerdings eine externe fossile Erzeugung von Sauerstoff, Stickstoff und Prozessenergie, was einem Verhältnis von 3,8 mit Potenzial nach oben entspräche.[140]

Wenngleich der gegenwärtige Entwicklungsstand einen signifikanten Marktanteil von BtL-Kraftstoffen in den nächsten Jahren nicht zulassen wird, sind die Potenziale jedoch viel versprechend. Die Hektarproduktivität für Anbaubiomasse gibt die FNR mit 3907 Litern Dieseläquivalent an.[141] Ferner stehen Reststoffe für die Kraftstofferzeugung zur Verfügung. In der Potenzialberechnung für Deutschland und die EU 25 wurden nur feste Reststoffe mit einbezogen. Unter Berücksichtigung eines Prozesswirkungsgrades von 50% ergibt sich ein maximal technisches Potenzial von 15,67 Mio. toe (Deutschland) und 146,12 Mio. toe (EU 25), das einem Anteil von 36,5% bzw. 42,6% des Kraftstoffbedarfs in 2020 entspricht (siehe Abbildung 9).

---

[136] Vgl. Nylund et al. (2008), S. 59.
[137] Vgl. Choren (2008).
[138] Vgl. Nylund et al. (2008), S. 60.
[139] Vgl. Deutscher Bundestag (2007), S. 54.
[140] Vgl. Deutscher Bundestag (2007), S. 54.
[141] Vgl. FNR (2008a).

Abbildung 9: technische Substitutionspotenziale von Biokraftstoffen (in %)

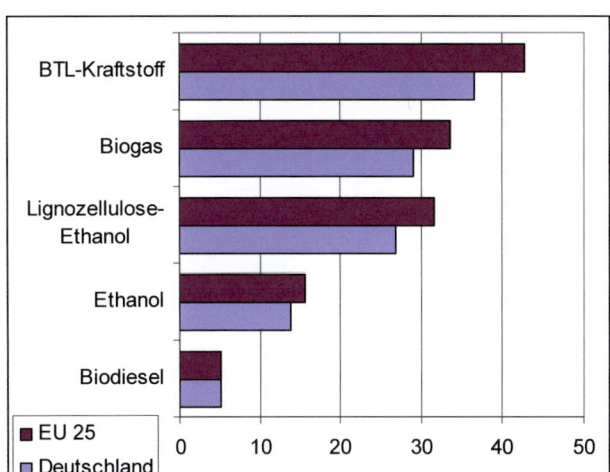

Quelle: eigene Berechnungen.

Rechnerisch weisen BtL-Kraftstoffe damit das größte Potenzial aller untersuchten Biokraftstoffe auf (siehe Abbildung 9 und Anhang A4). Selbst die Hälfte des Potenzials würde ausreichen das Biokraftstoffziel von 17% in Deutschland zu erreichen. Allerdings sind die synthetischen Kraftstoffe noch am weitesten von einer Markteinführung und –durchdringung entfernt und können selbst unter Ausschluss von Nutzungskonkurrenzen mit der Strom- und Wärmeerzeugung sowie der stofflichen Nutzung nur einen Teil des Kraftstoffbedarfs decken.

5 Ökologische und sozioökonomische Auswirkungen

Die stark gewachsene Nachfrage und die damit gestiegenen Importe von Biokraftstoffen aus tropischen Regionen haben neue ökologische und soziale Probleme der Biokraftstoffnutzung in das öffentliche Blickfeld gerückt. Die Zerstörung von Primärwäldern für Ölpalmplantagen oder den Sojaanbau sowie die zwischen 2006 und 2008 fast explosionsartig gestiegenen Nahrungsmittelpreise sind die folgenschwersten Probleme, die in Verbindung mit der Biokraftstoffnutzung gebracht werden. Derartige Auswirkungen würden nicht nur die Umweltvorteile von Biokraftstoffen ins Gegenteil verkehren, sie würden ihnen auch zu Recht jegliche Legitimation entziehen. Wie sehr Biokraftstoffe die Welternährung beeinflussen und an der Zerstörung von natürlichen Lebensräumen in der Welt verantwortlich sind, sowie welche weiteren ökologischen und sozioökonomischen Auswirkungen existieren, wird in diesem Kapitel untersucht.

5.1 Ökologische Auswirkungen

5.1.1 Landnutzung

5.1.1.1 Kultivierte Flächen

Die größten Änderungen der Landbedeckung erfolgten in der Vergangenheit durch Umwandlung von Wäldern und Grasland in Kulturland. Heute werden etwa 5 Mrd. ha oder 39% der eisfreien terrestrischen Oberfläche landwirtschaftlich genutzt, wovon 69% Weide- und 31% Acker- und Dauerkulturenland sind. In den letzten vier Jahrzehnten wuchsen die bewirtschafteten Flächen um 500 Mio. ha an, ein Trend der sich in der Zukunft weiter fortsetzen wird: Die FAO rechnet mit 120 Mio. ha zusätzlichen Flächen bis 2030, um die wachsende Weltbevölkerung weiter ernähren zu können. Andere Studien erwarten sogar eine Beschleunigung der Flächenumwidmung und prognostizieren schon für 2020 einen Zuwachs von erneut 500 Mio. ha.[142]

Die wachsende Weltbevölkerung und veränderte Ernährungsgewohnheiten werden in jedem Fall den Druck auf die verbliebenen natürlichen und naturnahen Gebiete weiter erhöhen, ihn zumindest aber aufrechterhalten. Bodenverluste durch landwirtschaftliche Übernutzung und den Klimawandel werden diese Entwicklung noch verstärken. Allein im Jahr 2000 büßten 21 Mio. ha so sehr an Fruchtbarkeit ein, dass eine Bewirtschaftung nicht mehr möglich war. Weltweit

---

[142] Vgl. WBGU (2008), S. 51 ff.

sind 1,9 Mrd. ha bereits heute von Degradation unterschiedlich stark betroffen – eine Fläche so groß wie Kanada und die USA zusammen.[143] Die Biokraftstoffnutzung spielt in diesem Zusammenhang bislang kaum eine Rolle. Ihr Einfluss auf die fortschreitende Flächenumwidmung ist bei einem Anteil von 1,3% an der globalen Ackerfläche (20 Mio. ha[144]) sehr gering.

In jüngster Zeit sind Biokraftstoffe immer wieder in Zusammenhang mit der Zerstörung tropischer Primärwälder gebracht worden. Tatsächlich ist das Amazonasbecken nach wie vor ein Schwerpunkt tropischer Rodungen. Antreiber dieser Entwicklung ist immer noch der Holzverkauf und im besonderen Maße der Sojaanbau verbunden mit der Fleischwirtschaft. In Brasilien belegt die Fleischproduktion 100 Mio. ha und der Sojaanbau für die Futtermittelproduktion 23 Mio. ha.[145] Zuckerrohr für Bioethanol wird dagegen nur auf 3 Mio. ha angebaut. „Gerade der Sojaanbau (...) frisst sich besonders aggressiv in den Regenwald hinein."[146]

In Südostasien hat der Verlust an primärem und naturnahem Wald dramatische Ausmaße angenommen (siehe Tabelle 6). Während in Afrika und Südamerika auch heute noch große zusammenhängende Regenwaldgebiete existieren, sind sie in Malaysia und Indonesien schon stark fragmentiert worden und könnten bei fortschreitender Zerstörung 2022 zu 98% verschwunden sein.[147] Mitverantwortlich ist der Ausbau der Ölpalmplantagen. Die Nachfrage nach Pflanzenölen für den Nahrungsbereich, vor allem Palmöl, ist besonders in den Schwellenländern stark gestiegen. Innerhalb von 8 Jahren (1997-2005) stieg die Ölproduktion um fast 50%, die Produktion von Palmöl sogar um 96%. Weltweit stehen etwa 11 Mio. ha[148] Kulturland unter Ölpalmen. Palmöl wird fast ausschließlich in Malaysia und Indonesien auf 3,78 Mio. und 4,58 Mio. ha gewonnen.[149] Die beiden Länder haben zwischen 1995 und 2004 ihre Produktion verdoppelt bzw. verdreifacht.[150]

---

[143] Vgl. El-Beltagy (2000), S. 1.
[144] Vgl. WBGU (2008), S. 61.
[145] Vgl. Stecher (2007), S. 2.
[146] Vgl. Stecher (2007), S. 2.
[147] Vgl. Pastowski et al. (2007), S. 9.
[148] 3 Mio. ha in Nigeria gelten als unproduktiv und werden allgemein nicht berücksichtigt.
[149] Vgl. FAO (2008b).
[150] Vgl. WWF (2007), S. 10.

Tabelle 6: Bestand Primärwaldfläche ausgewählter Länder (in Mio. ha)

	1990	2000	2005	Veränderung
Malaysia	3.820	3.820	3.820	0
Indonesien	70.419	55.941	48.702	- 31%
Kolumbien	53.854	53.343	53.062	- 1,5%
Pap.-Neuguinea	29.210	26.462	25.211	- 14%
Brasilien	460.513	433.220	415.890	- 10%
Guatemala	2.359	2.091	1.957	- 17%

Quelle: Pastowski et al. (2007).

Mit 73,5% der globalen Produktion wird Palmöl hauptsächlich zu Ernährungszwecken eingesetzt, weitere 21,5% entfallen auf industrielle Nutzung und 5% auf energetische Zwecke.[151] Die Zuwachsraten im industriellen und energetischen Bereich waren in den letzten Jahren aber weitaus höher. Dies ist auch der Grund, dass die EU nach China zum zweitgrößten Verbraucher aufstieg und 2005/2006 4,9 Mio. t Palmöl importierte, wovon 1 Mio. t in Blockheizkraftwerken eingesetzt und nur 270.000 t für die Produktion von Biodiesel verwendet wurde.[152] Zum Vergleich: 2006 wurden in der EU insgesamt 4,9 Mio. t Biodiesel hergestellt.[153]

Die weltweit stark steigende Nachfrage nach Biokraftstoffen könnte aber schon in den nächsten Jahren den Anteil an der landwirtschaftlichen Produktion beträchtlich steigern und dann in einem weit größeren Umfang als bisher an der Flächenumnutzung und der Naturraumzerstörung beteiligt sein. In Brasilien wird sich die Anbaufläche für Zuckerrohr im Laufe des nächsten Jahrzehnts allen Erwartungen nach auf 10 Mio. ha nahezu verdoppeln.[154] Die FAO rechnet damit, dass sich die Palmölproduktion bis 2030 erneut verdoppeln wird.[155] In Malaysia soll zum Beispiel bis 2020 die Ölpalmenplantagenflächen von 3,5 Mio. auf 5,1 Mio. ha zunehmen.[156] Der Maisanbau in den USA könnte bis 2016 zusätzlich 12,8 Mio. ha oder mehr zu Lasten des Soja- oder Weizenanbaus in Anspruch nehmen (+ 36%). Bereits 2007 stieg der Maisanbau um 19% gegenüber 2004, während die Anbaufläche für Soja in den USA um 15% zurückging. Diese Entwicklung führt zu Verdrängungseffekten in der Nahrungsmittelproduktion und wird in anderen Ländern zusätzliche landwirtschaftliche Flächen

---

[151] Vgl. Widmann & Remmele (2008), S. 9.
[152] Vgl. Pastowski et al. (2007), S. 52.
[153] Vgl. EurObserv'ER (2008), S. 56.
[154] Vgl. FAO (2008a), S. 61.
[155] Vgl. FAO (2008a), S. 61.
[156] Vgl. WWF (2007), S. 19.

generieren: 2,8 Mio. ha in Brasilien für Soja und 2,2 Mio. ha in China und Indien für Mais und Weizen werden erwartet.[157] Die IEA prognostizierte 2006 unter Berücksichtigung der aktuellen Politiken für 2030 53 Mio. ha Anbaufläche für die Biokraftstoffproduktion (siehe Kapitel 3.2.3).[158] Wenn dieser Zuwachs an landwirtschaftlichen Flächen der Entwicklung der letzten Jahre folgend hauptsächlich auf Waldboden erfolgen würde, könnten Biokraftstoffe nicht länger als umweltfreundliche Alternativen zu fossilen Kraftstoffen gelten.

5.1.1.2 Potenzielle Flächen

Es stellt sich die Frage, ob die Versorgung einer wachsenden Weltbevölkerung mit Nahrungsmitteln sowie Natur- und Lebensraumschutz überhaupt mit einer steigenden Biokraftstoffnachfrage vereinbar sind oder ob sie zwangsläufig den Druck auf die verbleibenden Naturflächen erhöhen. In Asien, Europa und Nordamerika sind die potenziell kultivierbaren Flächen fast ausschließlich bereits in landwirtschaftliche Flächen umgewandelt oder unter Wald, das heißt eine Ausweitung des Energiepflanzenanbaus kann in nachhaltiger Weise nur unter Substitution von Feldfrüchten bzw. deren Verarbeitung erfolgen. Dagegen sind in Südamerika und Afrika noch große Potenziale vorhanden. Satellitengestützte Modellrechnungen gehen von 369 Mio. ha (Südamerika) und 580 Mio. ha (Afrika) ohne Einbeziehung von Waldflächen aus, die zusätzlich als Ackerland geeignet sind (siehe Abbildung 10). Die Hälfte dieser Flächenreserven konzentriert sich allein auf sieben Länder: Angola, Demokratische Republik Kongo, Sudan, Argentinien, Bolivien, Brasilien und Kolumbien.[159] Allerdings berücksichtigt die Untersuchung nicht, inwieweit die Flächen bereits heute einer zumindest eingeschränkten oder extensiven Nutzung beispielsweise durch Beweidung oder Brennholzsammlung zugeführt sind, da sie nur Ackerland einbezieht.

Schränkt man die Auswahl stärker ein und betrachtet man grundsätzlich nur Flächen, die bereits früher schon als Weide- oder Ackerland genutzt wurden, heute aber aus unterschiedlichen Gründen nicht mehr bewirtschaftet werden, ohne dass sie in Wald umgewandelt oder bebaut wurden, gehen Modellrechnungen von 385 Mio. bis 472 Mio. ha zusätzlich verfügbarer Flächen aus.[160]

---

[157] Vgl. FAO (2008a), S. 61.
[158] Vgl. Cotula et al. (2008), S. 19.
[159] Vgl. Fischer et al. (2001), S. 11 ff.
[160] Vgl. Campbell et al. (2008), S. 5791.

Abbildung 10: weltweit kultivierte und potenzielle Ackerflächen (in Mio. ha)

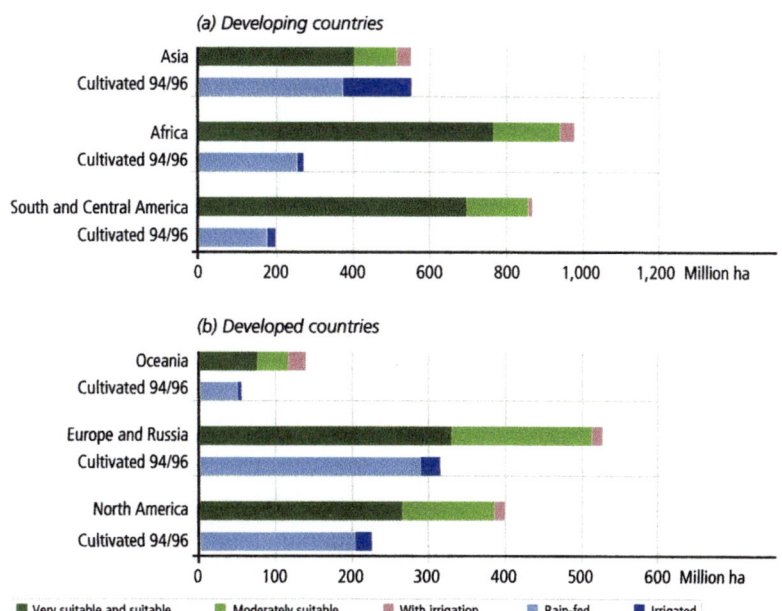

Quelle: Fischer et al. (2001).

Globale Schätzungen bergen allerdings immer das Risiko, mit sehr großen Unsicherheiten behaftet zu sein, dies muss auch bei den beiden hier aufgeführten Beispielen berücksichtigt werden, was die Autoren auch selbst anführen. Der Blick auf einzelne Länder kann diese Unsicherheiten tendenziell bei guter Datenlage verringern. Im Zusammenhang mit dem Anbau von Energiepflanzen für Biokraftstoffe werden oft Flächen auf so genanntem „idle land", auf ungenutztem Land, angegeben. Darunter können sowohl Flächen verstanden werden, die aufgrund von Nährstoff- und Bodenfunktionsverlusten („degraded land"), ihrer natürlichen geringen Produktivität („marginal land") oder nicht näher definierten Gründen („abandoned land") aus der Bewirtschaftung herausgenommen worden sind. Flächen, die bislang nicht genutzt wurden oder nach Rodung des Primärwaldes keiner Nutzung mehr zugeführt werden, werden zuweilen ebenfalls als „idle land" angegeben und je nach Zustand als marginal oder degradiert bezeichnet.

Dieser Definition folgend, gibt es für einige Länder Angaben von potenziellen Flächen, die ohne größere ökologische Beeinträchtigungen und Einfluss auf die

Nahrungsmittelproduktion für den Energiepflanzenanbau bereitstehen könnten (siehe Tabelle 7). Tropische Brachen, meist nach Rodung und nur kurzfristiger Ackerlandnutzung aufgelassene Gebiete, stellen ein enormes Flächenpotenzial dar. In Indonesien werden sie auf zirka 10 Mio. ha beziffert, andere Schätzungen sind sogar um den Faktor 6 höher.[161] Zum Vergleich, in Indonesien existieren auf 4,58 Mio. ha (2007) Palmölplantagen, weltweit beansprucht die Palmölproduktion 10,89 Mio. ha.[162] In China stehen nach optimistischen Szenarien für die Bioethanolproduktion 7,6 Mio. ha und für die Biodieselproduktion maximal 67,5 Mio. ha geeignetes Land, das nicht in Konkurrenz zur Nahrungsmittelproduktion steht, zur Verfügung. Der „Wasteland Atlas" weist in Indien 68 Mio. ha Ödland[163] aus; die indische Regierung setzt darauf, hier in großem Umfang Jatropha anzubauen und hält 17,4 Mio. ha davon für geeignet.[164]

Seit dem Ende des Ost-West-Konfliktes sind 23 Mio. ha Ackerland (meist Getreideanbau) in der ehemaligen Sowjetunion aus der Bewirtschaftung herausgenommen worden. 13 Mio. ha davon könnten ohne größere ökologische Kosten bei entsprechenden wirtschaftlichen Voraussetzungen wieder genutzt werden.[165]

Tabelle 7: Flächenpotenziale und Flächenbedarf für die Biokraftstoffnutzung

	Flächenpotenzial	Flächencharakterisierung
Indonesien	10 Mio. ha	Rodungsbrachen, meist mit Alang-Alang-Gras
China	75 Mio. ha	keine näheren Angaben zur Flächenart
Indien	17 Mio. ha	Marginal-Flächen, für Jatropha geeignet
GUS	13 Mio. ha	Ackerbrachen
Südamerika	369 Mio. ha	für Ackerland geeignete ungenutzte Flächen, nur Waldflächen ausgenommen
Afrika	580 Mio. ha	s. o.
Welt	385-472 Mio. ha	ehem. Acker- und Weidelandflächen, Produktivität unbekannt
	gegenwärtiger Flächenbedarf	
Welt	20 Mio. ha	Acker- und Plantagenflächen mit guter bis sehr guter Produktivität

Quellen: FAO (2008), Pastowski et al. (2007), WBGU (2008), Campbell et al. (2008), Fischer et al. (2001).

---

[161] Vgl. Pastowski et al. (2007), S. 84 f.
[162] Vgl. FAO (2008b).
[163] Vgl. GTZ (2006), S. 35 ff.
[164] Vgl. WBGU (2008), S. 134.
[165] Vgl. FAO (2008a), S. 61.

Die Zahlen zeigen, dass durchaus ein nennenswertes Flächenpotenzial für den Energiepflanzenanbau ohne größere ökologische Belastungen bestehen könnte und insbesondere relativ anspruchsarme Arten (z.B. Jatropha, Chinaschilf, Rutenhirse) auf marginalen und auch degradierten Flächen angepflanzt werden könnten. Andererseits bleibt offen, wie viel Hektar davon real bewirtschaftet werden können; ob beispielsweise Ölpalmplantagen auf tropischen Brachen rentabel sind oder Jatropha auf Ödland in Indien tatsächlich kultivierbar ist. Die Untersuchungen berücksichtigen keine wirtschaftlichen Bedingungen. Ölpalmplantagen werden vor allem auch deshalb auf Regenwaldflächen errichtet, weil die hohen Anfangsinvestitionen und die Aufwuchsphase ohne Erträge mit dem Holzeinschlag finanziert werden.[166] Zudem ist zu bedenken, dass auch anspruchsarme und trockenresistente Pflanzen auf gering produktiven Böden schlechtere Erträge bringen, der wirtschaftliche Gewinn also prinzipiell auf den produktivsten Flächen am größten ist.[167] Ferner sind bei den von Regierungen ausgewiesenen „barren", „abandoned" oder „wasted land" Zweifel darüber angebracht, wie weit sie wirklich verlassen und ungenutzt sind (siehe Kapitel 5.2.3).[168]

5.1.2 Biodiversität

In engem Zusammenhang mit der Flächennutzung stehen die Auswirkungen auf die Biodiversität, also auf die generelle Vielfalt und das Vorkommen von Arten und Ökosystemen. Die größte terrestrische Artenvielfalt befindet sich außerhalb von Schutzgebieten in natürlichen oder naturnahen Ökosystemen, deren Urbarmachung für die Landwirtschaft derzeit der größte Treiber für den weltweiten Artenschwund ist.[169] Der Verlust an Lebensraum hat eine Ausrottung zur Folge, die Experten auf 25 bis 150 Arten pro Tag schätzen.[170] Ein Verlust, der anders als bei Umweltschäden irreversibel ist. Für die Stabilität eines Ökosystems gilt die Artenvielfalt wiederum als Grundvoraussetzung. Je geringer die Artenzahl desto instabiler werden die natürlichen Ökosysteme und verlieren ihre Funktionsleistungen, wie die Kohlenstoffspeicherung, die Regulierung des Gashaushaltes und des Wasserhaushaltes, die Steuerung des Klimas, die Aufrechterhaltung des Nährstoffkreislaufes und weitere wichtige Leistungen, von denen die Menschen unmittelbar profitieren bzw. abhängig sind.[171] Mit den Arten gehen auch ihre genetischen Baupläne und mit ihnen die Chance, sie als

---

[166] Vgl. Pastowski et al. (2007), S. 85.
[167] Vgl. FAO (2008a), S. 67.
[168] Vgl. Cotula (2008), S. 22 f.
[169] Vgl. WBGU (2008), S. 82.
[170] Vgl. WWF (2007), S. 22 f.
[171] Vgl. WWF (2007), S. 22 f.

Vorlage für industrielle oder medizinische Innovationen zu nutzen (Bionik), unwiederbringlich verloren.

Die größte biologische Vielfalt konzentriert sich mit geschätzten 50-75% aller existierenden Arten auf die tropischen Feuchtgebiete.[172] Als Konsequenz droht in diesen Regionen auch der größte Verlust. Zuckerrohr führt wie kaum eine andere Ackerfrucht zu sehr großem Biodiversitätsschwund, wenn brasilianischer Primärwald umgewandelt wird. In Sumatra finden in Ölpalmplantagen weniger als zehn Prozent aller Vögel und Säugetiere der Primärwälder noch einen neuen Lebensraum. Die Westhälfte des indo-malayischen Archipels zählt zu den 25 global bedeutendsten Biodiversitäts-Hotspots, 60% der dort vorkommenden 25.000 Pflanzenarten sind endemisch.[173]

In den Industrieländern in den gemäßigten Zonen drohen Intensivierung der Landwirtschaft und Umbruch von Grasland die Biodiversität weiter zu reduzieren. Allein in Norddeutschland sind in den letzten Jahren 8 Prozent des Grünlandes in Ackerfläche umgewandelt worden. Mehr als 300.000 ha stillgelegter Fläche, die Lebensraum für zum Teil bedrohte Vögelarten geworden waren, stehen seit 2007 in Deutschland wieder unter dem Pflug.[174]

Positive Wirkungen auf die Artenvielfalt begünstigen dagegen manche mehrjährige Anbaukulturen, etwa wenn Acker in Kurzumtriebsplantagen oder degradierte Flächen zu Grasland rekultiviert oder mit Energiegräsern (z.B. Chinaschilf, Rutenhirse) bepflanzt werden. Studien haben bewiesen (z.B. „The Jena Experiment"), dass Grasland höhere Biodiversität und höhere Ökosystemfunktionsleistungen als artenarme Systeme, wie Ackermonokulturen, erreichen kann.[175] Kurzumtriebsplantagen (KUP) als räumliche und zeitliche Mischkulturen schaffen vielfältigere Landschaftsstrukturen und bieten Nischen für Kleinlebewesen.[176]

Die Graslandnutzung und der Einsatz von neuartigen Energiepflanzen bieten in der Tat die Chance für eine nachhaltige Biomassenutzung zur Kraftstofferzeugung, die selbst auf die Artenvielfalt positiv wirkt. Die Risiken dieser neuen Anbausorten sind jedoch noch nicht ausreichend bekannt und erfordern weiter-

---

[172] Vgl. WWF (2007), S. 22 f.
[173] Vgl. Pastowski et al. (2007), S. 86.
[174] Vgl. Fokken (2008), S. 9 f.
[175] Vgl. WBGU (2008), S. 151.
[176] Vgl. WBGU (2008), S. 149.

gehende Forschungen.[177] Beispielsweise sind die für die Ganzpflanzennutzung gewünschten ökologischen Eigenschaften auch jene, die häufig bei invasiven Pflanzenarten vorgefunden werden. Gebietsfremde, invasive Arten verdrängen aber heimische Arten und sind als Ursache von Biodiversitätsverlusten bekannt. Chinaschilf und Rutenhirse weisen zumindest ein erhöhtes invasives Risiko auf.[178]

5.1.3 Boden und Wasser

Die Umweltwirkungen des Anbaues von Energiepflanzen weisen keineswegs einen einheitlichen Trend auf und bedürfen für belastbare Ergebnisse einer sehr differenzierten Betrachtung, die nicht nur die Anbauart und –pflanze sondern auch ihren standortgerechten Einsatz berücksichtigt. Der Energiepflanzenanbau muss nicht zwangsläufig dazu führen, die vorherrschenden Umweltprobleme der intensiven Landwirtschaft noch zu verschärfen. Doch ist dies durchaus zu erwarten, wenn weiterhin typische Nahrungs- und Futtermittel als Rohstoffe verwendet werden und die Nachfrage nach Biokraftstoffen weiter stark ansteigt. Vor dem Hintergrund, dass die rezente globale Boden- und Wassernutzung ohne Politikwandel in vielen Regionen zu einer verschärften Wasserkrise und erhöhter Bodendegradation führt,[179] wäre eine Verstärkung dieses Trends durch die Biokraftstoffproduktion für Umwelt und Menschen fatal.

Ein wesentlicher Faktor, der den Einfluss des Energiepflanzenanbaus auf den regionalen Wasserhaushalt und eine resultierende Wasserkonkurrenz bestimmt, stellt die Nutzung von Bewässerungswasser dar. In Europa, wo vorwiegend Raps, Mais oder Weizen angebaut wird, ist dieser Anteil sehr gering. Ebenso beläuft sich in den USA der Anteil an Bewässerungswasser für den Energiepflanzenanbau auf 3%. In humiden Regionen spielen Bewässerungskulturen kaum eine Rolle; Zuckerrohr in Brasilien und Ölpalme in Südostasien werden fast ausschließlich im Regenfeldbau angebaut, so dass der Wasserverbrauch hier eine untergeordnete Rolle spielt.

Anders sieht es beispielsweise in Ländern wie Indien und China aus. Indien baut Zuckerrohr überwiegend in Bewässerungskulturen an, so dass hier für einen Liter Ethanol 3.500 Liter Wasser aufgewendet werden müssen. In China werden durchschnittlich 2.400 Liter für einen Liter Ethanol aus Mais verbraucht.

---

[177] Vgl. Royal Society (2008), S. 47.
[178] Vgl. WBGU (2008), S. 85.
[179] Vgl. WBGU (2008), S. 99.

Zum Vergleich: In den USA sind es 400 Liter. Selbst wenn die Kultivierung zukünftig ohne Bewässerung erfolgen würde, wird für Indien und China in den nächsten Jahrzehnten eine Verschärfung der ohnehin schon bestehenden Wasserknappheit erwartet. Gleiches gilt für Südafrika, Polen und die Türkei; die USA und Argentinien werden voraussichtlich die Schwelle für Wasserstress[180] überschreiten, wohingegen für den Ausbau von Energiepflanzen in Kanada, Brasilien, Russland und Indonesien sowie einigen Ländern in Afrika südlich der Sahara keine kritischen Entwicklungen erwartet werden.[181]

Der Energiepflanzenanbau kann, wenn er auf die regionalen Bedingungen gezielt angepasst wird, die Wasserverfügbarkeit auch verbessern. Mehrjährige Kulturen verringern zum Beispiel den Oberflächenabfluss und können die Wasserinfiltration und -speicherkapazität erhöhen. Zudem sind einige mehrjährige Energiepflanzen, wie Chinaschilf, Rutenhirse oder Jatropha, relativ anspruchslos und dürreresistent, können also auf marginalen Flächen, auf denen keine Erträge aus sonstigen landwirtschaftlichen Kulturen mehr erwirtschaftet werden können, angebaut werden und durch intensive Durchwurzelung zusätzlich Bodenerosion begrenzen sowie die Bodenfruchtbarkeit verbessern. Dies würde nicht nur die Flächen- und Wasserkonkurrenz mit der Nahrungsmittelproduktion herabsetzen, es könnte unter günstigen Voraussetzungen sogar degradierte Flächen für den Nahrungsmittelanbau wieder verfügbar machen.[182]

Generell weisen mehrjährige Kulturen gegenüber einjährigen Monokulturen Vorteile auf: Die Pflanzen bedecken die Flächen ganzjährig, dies vermindert nicht nur Boden- sondern auch Niederschlagsverluste, zusätzlich wirkt sich die Beschattung positiv auf das Mikroklima aus und verringert den Kohlenstoffumsatz im Boden. Das erhöht genauso wie die intensivere Durchwurzelung die C-Speicherung. Ein weiterer Pluspunkt: Die Bodenbearbeitung fällt gegenüber einjährigen Kulturen geringer aus, das heißt der Bodenverdichtung wird vorgebeugt. Zugleich wird der Boden nur mit geringeren Dünge- und Pestizidmengen belastet. Um einen optimalen Umgang mit den Ressourcen zu gewährleisten, empfiehlt eine Studie für die Biomasseproduktion Chinaschilf und, wo es dafür klimatisch zu kühl ist, Kurzumtriebsplantagen (KUP) mit Gehölzen anzubauen.[183] In Europa würden sich zum Beispiel Weiden oder Pappeln dafür eignen, wie es versuchsweise für die BtL-Kraftstoffproduktion in Deutschland bereits umgesetzt wird. KUP können allerdings auch durch verstärkte Evapotranspirati-

---

[180] Wasserentnahme übersteigt 25% der verfügbaren Süßwasserressourcen.
[181] Vgl. WBGU (2008), S. 97 ff.
[182] Vgl. WBGU (2008), S. 98.
[183] Vgl. Clifton-Brown et al. (2007), S. 2296 ff.

on die Wasserknappheit in einer Region vergrößern[184] und in tropischen Böden zu großen Nährstoffverlusten wie auch Belastungen des lokalen Wasserhaushalts führen.[185] Die lokalen Effekte müssen in die Entscheidung der zukünftigen Landnutzung daher immer mit einfließen.

Günstig wirkt sich auf den Boden- und Wasserhaushalt auch die energetische Nutzung von Dauergrasland aus, die bei Graslandüberschüssen möglich wäre oder aber auf degradierten Flächen durch Anbau geschaffen werden könnte. Solche „Low-Intensity-High-Diversity"-Flächen können sogar mehr Bioenergie pro Fläche als Ethanol aus Mais oder Biodiesel aus Soja produzieren.[186]

Die intensive Bewirtschaftung einjähriger Monokulturen stellt hingegen größere Belastungen dar. Mais verzeichnet unter den angebauten Biorohstoffen den höchsten Dünger- und Pestizideinsatz je Hektar,[187] die durch Auswaschungen das Grundwasser belasten. Gleichfalls drohen durch die intensive Bearbeitung mit schweren Maschinen und wegen der Zeiten ohne Vegetationsdecke im Jahr Bodenerosion und Nährstoffverluste.[188] Raps ist ebenfalls eine anspruchsvolle Kulturpflanze, die sehr viel Stickstoffdünger benötigt[189] (180 kg N/ha[190]). Die Umweltbelastungen des intensiven Mais-, Raps- oder Weizenanbaus sind generell vergleichbar. Zuckerrohr, Soja oder Ölpalme kommen dagegen mit weitaus weniger Dünger aus (Ölpalme: 100 kg N/ha[191]).

Auswirkungen auf die Umwelt hat aber nicht allein die Auswahl der Pflanze, vielmehr nimmt auch die Art der Bewirtschaftung, das heißt, die Qualität der Methodik und fachlichen Praxis und die Weiterverarbeitung Einfluss. Saure, kaliumreiche Vinasse aus der Zuckerrohrverarbeitung oder nährstoffhaltige Abwässer aus Ölmühlen der Palmölgewinnung werden zum Teil unbehandelt in Gewässer geleitet und belasten die aquatischen Ökosysteme. Der Import von Biokraftstoffen aus Schwellenländern birgt für die Industrieländer die Gefahr, bei mangelndem Technologietransfer gleichzeitig zum Export von Umweltbelastungen zu werden.

---

[184] Vgl. WBGU (2008), S. 97.
[185] Vgl. WBGU (2008), S. 148.
[186] Vgl. WBGU (2008), S. 151.
[187] Vgl. FAO (2008a), S. 65.
[188] Vgl. WBGU (2008), S. 145.
[189] Vgl. WBGU (2008), S. 146.
[190] Vgl. Kaltschmitt & Hartmann (2001), S. 72 ff.
[191] Vgl. Pastowski et al. (2007), S. 87.

5.1.4 Treibhausgase

Der Einfluss der Biokraftstoffnutzung auf das Klima stellt den zentralen Aspekt der ökologischen Auswirkungen dar. Ob und wenn ja, wie sehr Biokraftstoffe zum Klimaschutz beitragen können, ist eine Schlüsselfrage, deren Antwort zumindest in den Industrieländern, von deren Biokraftstoff-Engagement ganz maßgeblich aus Gründen des Klimaschutzes erfolgt, der Fortbestand der politischen Ausbauziele und staatlichen Förderprogramme abhängen. Kurz gesagt, ist der Klimaschutz bislang die Begründung für den Einsatz von Biokraftstoffen.

5.1.4.1 Anbau und Produktion

Zwar emittiert der Betrieb von Fahrzeugen mit Biokraftstoffen praktisch kein Kohlendioxid, weil durch die Verbrennung nur so viel CO_2 entsteht, wie die Pflanzen zuvor der Atmosphäre entzogen haben, doch müssen die ganze Produktionskette („Well-to-Wheel") und alle wichtigen Klimagase (Methan, Lachgas, Kohlendioxid) berücksichtigt werden, um die Klimawirksamkeit abschließend beurteilen zu können. Während bei fossilem Diesel und Benzin mit 14 bzw. 19%[192] nur ein geringer Teil der gesamten Treibhausgasemissionen auf die Vorkette entfällt, sind es bei Biokraftstoffen nahezu 100% und davon insbesondere der Rohstoffanbau und die Kraftstoffherstellung, die deutlich zu Buche schlagen. Zum Beispiel entstehen bei Raps-Biodiesel aus Europa 76% der gesamten THG allein in der Landwirtschaft und weitere 15% in der Produktion. Bei Mais-Bioethanol aus den USA sind es 62 bzw. 29%, weil die Ethanolherstellung deutlich energieintensiver ist.[193] Diese Beispiele verdeutlichen die Schwierigkeiten bei der THG-Bilanzierung, denn abhängig von den gewählten Parametern, etwa dem für die Lachgasemissionen verantwortlichen Düngeeinsatz, dem Strommix für die Prozessenergie sowie der Berücksichtigung von Koppelprodukten, können die Ergebnisse stark voneinander abweichen. Dieser Aspekt kommt in hohem Maße bei Biodiesel zum Tragen, dessen Minderungspotenzial je nach Nutzung der Koppelprodukte zwischen 20 und 80% schwanken kann.[194] Hinzu kommen modellabhängige Varianzen. So verringert sich der Einfluss der Koppelprodukte, wenn sie nach dem Allokations- anstelle des Gutschriftverfahrens berücksichtigt werden.

---

[192] Vgl. Zah et al. (2007), S. IV.
[193] Vgl. Zah et al. (2007), S. IV.
[194] Vgl. Deutscher Bundestag (2007), S. 75.

Daher kann es nicht zielführend sein, zur Abschätzung der Treibhausgasemissionen nur eine Ökobilanz heranzuziehen. Ein realistischeres Ergebnis liefert die Einbeziehung mehrerer Bilanzen, wenn auch zum Preis von resultierenden Bandbreiten anstelle exakter Werte. In der „CO_2-Studie" analysierte, bewertete und gewichtete das IFEU-Institut 2004 die Ergebnisse von „allen internationalen, öffentlich zugänglichen Publikationen zu allen derzeit im Einsatz befindlichen Biokraftstoffen."[195] Insgesamt wurden nach Anwendung von Ausschlusskriterien insgesamt 63 Studien mit 109 Biokraftstoffketten verglichen. Danach weisen alle Kraftstoffpfade positive Minderungspotenziale auf, die allerdings ausgehend vom Ausgangsrohstoff stark variieren können (siehe Abbildung 11). Erwartungsgemäß schneiden Biokraftstoffe aus Anbaubiomasse der ersten Generation (Raps-RME, Ethanol aus Weizen, Mais) nur mäßig ab. Eine Ausnahme bildet Bioethanol aus Zuckerrohr, der sogar zur CO_2-Senke werden kann (Minderung über 100 Prozent), weil bei der Herstellung Überschussstrom ins Netz eingespeist werden kann. Ebenfalls eine CO_2-Senke kann Biogas aus Reststoffen werden, wenn die Reststoffe zuvor ungenutzt blieben und durch natürliche Abbauprozesse Methan in die Atmosphäre abgegeben haben.

Abbildung 11: THG-Vermindungspotenzial bezogen auf Referenz-Kraftstoffe (in %)

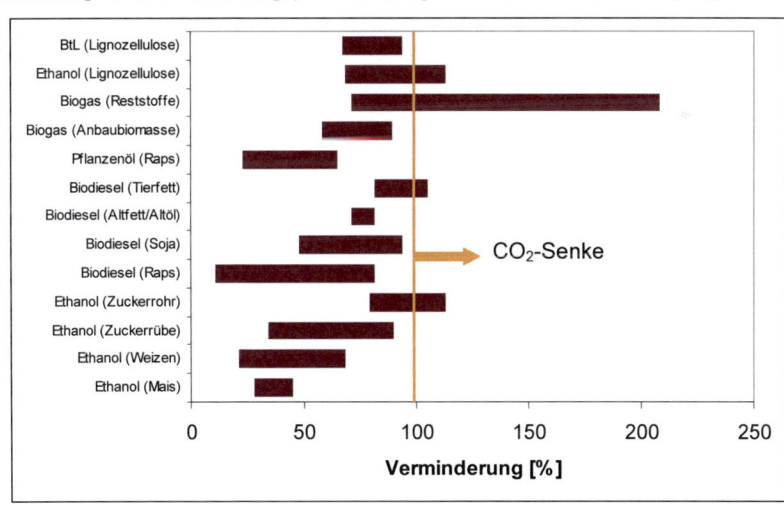

Anm.: Das Verminderungspotenzial von Biogas fällt prozentual betrachtet besonders hoch aus, weil Erdgas als Referenzkraftstoff relativ niedrige THG-Emissionen hat.

Quelle: Quirin et al. (2004).

---

[195] Quirin et al. (2004), S. III.

Zusammenfassend lassen die Ergebnisse folgende Trends erkennen und Schlussfolgerungen zu:

- Reststoffe weisen bessere Werte auf als Anbaubiomasse und können sogar CO_2-Senken sein (Minderung über 100%)
- Kraftstoffe der zweiten Generation schneiden besser ab als Kraftstoffe der ersten Generation mit Ausnahme von Bioethanol aus Zuckerrohr
- Die Verwendung der Koppelprodukte, der Energie- und Düngeeinsatz in der Landwirtschaft sowie zum Teil auch die Prozessenergie beeinflussen das Minderungspotenzial der ersten Kraftstoffgeneration beträchtlich.

Die in den letzten Jahren stark gestiegene Biokraftstoffproduktion hat die Nachfrage nach günstigen Rohstoffen aus tropischen Anbaugebieten, wie Palm- und Sojaöl, stark anwachsen lassen. Gleichzeitig hat der Bioenergieboom hierzulande dazu geführt, dass zunehmend Grünlandflächen hauptsächlich für Mais zur Biogaserzeugung umgebrochen worden sind. Diese Entwicklung hat einen neuen wichtigen Aspekt für die THG-Bilanzierung ins Blickfeld gerückt, den die CO_2-Studie des IFEU-Instituts nicht berücksichtigt: CO_2-Emissionen durch Landumwidmung.

5.1.4.2 Direkte und indirekte Landnutzungsänderung

Ökosysteme speichern große Mengen Kohlenstoff im Boden, der bei Konversion der Fläche durch verstärkte Bodenatmung zusätzlich zum überirdischen Biomasseverlust verloren geht. Die Hälfte des in Wäldern gespeicherten Kohlenstoffs ist im Boden gebunden. In Feuchtgebieten ist der Anteil noch höher. Moore bedecken global nur 3 bis 4 Prozent der terrestrischen Fläche, speichern aber 25 bis 30 Prozent des gebundenen Kohlenstoffs. Auch Grasland fungiert aufgrund seiner großen Ausdehnung mit 34 Prozent als wichtiger C-Speicher.[196]

Der WBGU geht in seinem neuen Hauptgutachten „Welt im Wandel 2008" von einer Lastschrift von 2.630 kg CO_2 pro Jahr und Hektar aus, wenn Grünland in Ackerland umgewandelt wird.[197] Unterstellt man nun bei den Ergebnissen der CO_2-Studie eine Vornutzung als Grünland, ergibt sich ein ganz anderes Bild

---

[196] Vgl. WBGU (2008), S. 55 ff.
[197] Vgl. WBGU (2008), S. 180.

und Biokraftstoffe aus Weizen, Mais, Raps und Soja mindern nicht länger sondern erhöhen den Klimagasausstoß. Eine positive Bilanz weisen nur noch Ethanol aus Zuckerrohr und Kraftstoffe der zweiten Generation auf (siehe Abbildung 12).

Abbildung 12: THG-Bilanz von Biokraftstoffen bei Grünlandumbruch (in t/ha*a)

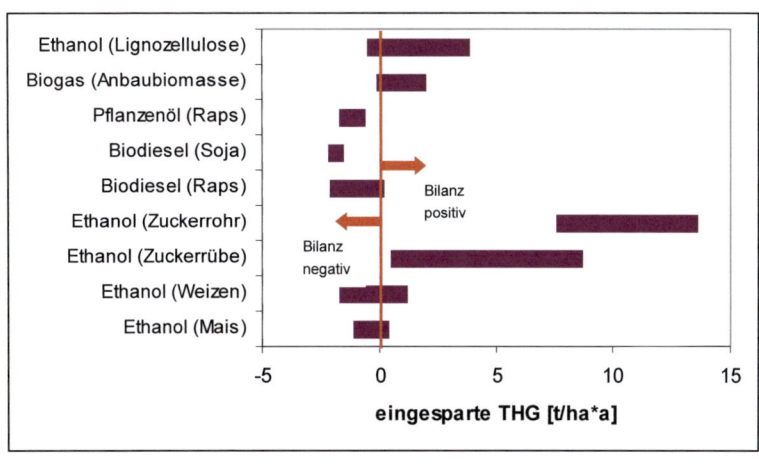

Quellen: Quirin et al. (2004), WBGU (2008).

In den tropischen Anbaugebieten sind die Folgen noch weitaus dramatischer. Wenn Regenwald im Amazonasgebiet für den Sojaanbau gerodet wird, würden die zusätzlichen THG erst nach 300 Jahren wieder ausgeglichen sein, für Ölpalmplantagen auf ehemaligem Moorwaldgebiet in Indonesien oder Malaysia sind es sogar 400 Jahre.[198] In Brasilien sind 3,2% der jährlich neuen Anbaufläche für Soja Urwaldgebiet. Selbst unter Berücksichtigung dieses scheinbar kleinen Anteils fällt die Klimabilanz von Soja-Biodiesel gegenüber fossilem Diesel negativ aus.[199] Die Landumnutzung stellt damit die mit Abstand größte Treibhausgasquelle dar und sollte daher prinzipiell vermieden werden.

Unter Einbeziehung der direkten Landnutzungsänderungen in die Lebenszyklus-Bilanz errechnet der WBGU Treibhausgasminderungspotenziale wie sie in Abbildung 13 abgebildet sind. Die Ergebnisse korrelieren mit der CO_2-Studie und bestätigen damit deren Kernaussagen. Zusätzlich werden die Minderungspotenziale in tropischen Regionen quantifiziert, die deutlich machen, dass die

---
[198] Vgl. FAO (2008a), S. 57.
[199] Vgl. Zah et al. (2007), S. IV.

Biokraftstoffproduktion aus tropischen mehrjährigen Pflanzen (Zuckerrohr, Jatropha, Ölpalme) die größten Klimaschutzwirkungen erzielen kann, wenn kein Naturwald gerodet wird. So vermeidet Palmöl-Biodiesel von marginalen, wenig genutzten Flächen Treibhausgasemissionen um den Faktor 3, stellt also eine große CO_2-Senke dar. Andererseits erhöhen sich die THG-Emissionen um den Faktor 4 bei Umbruch von Regenwald. Dies macht deutlich, wie sehr die Klimaschutzwirkung von der Landnutzungsänderung abhängt.

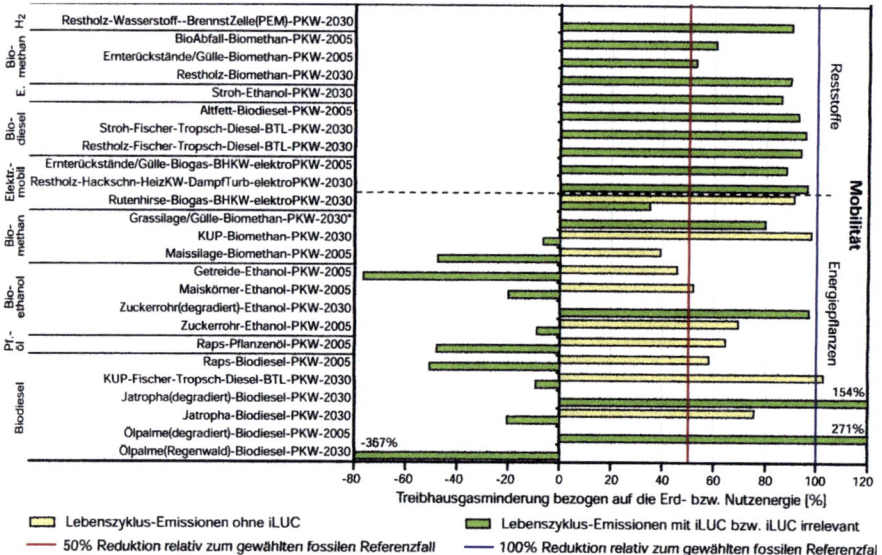

Abbildung 13: THG-Minderung mit indirekten Landnutzungsänderungen (in %)

Quelle: WBGU (2008).

Neben solchen direkten Landnutzungsänderungen kann der Energiepflanzenanbau auch indirekte Landnutzungsänderungen (iLUC = indirect land use change) auslösen, wenn weiterhin Bedarf an den vormals angebauten Nahrungs- und Futtermitteln oder stofflichen Rohstoffen besteht. Diese Verdrängungseffekte sollten ebenso in die THG-Bilanz mit einfließen, sind aber derzeit nur schwer abzuschätzen, weil ein direkter Zusammenhang oft nicht hergestellt werden kann. So bestehen beispielsweise keine oder nur geringe iLUC wenn Rohstoffüberschüsse oder Ertragssteigerungen zur Biokraftstoffproduktion genutzt werden. Anders sieht es aus, wenn die Biokraftstoffnachfrage die Nahrungsmittelproduktion auf bisherige Naturflächen verdrängt. Die Forschung zur Quantifizierung der iLUC-Emissionen steht erst am Anfang.[200] Bislang werden diese Effekte nur ausgehend von den theoretisch maximalen Kohlendioxidemissionen je Fläche modelliert, was eine differenzierte Betrachtung nicht möglich macht und die Aussagekraft sehr herabsetzt.

Unterschiedliche Angaben existieren zudem über die Distickstoffoxid-Emissionen (Lachgas, N_2O), die durch mikrobiellen Abbau von Stickstoffverbindungen im Boden entstehen, also durch Stickstoffdüngung generiert werden. Lachgas hat deshalb eine sehr große Relevanz, weil es um den Faktor 296 klimawirksamer als Kohlendioxid ist. Einer Studie des Chemie-Nobelpreisträgers Paul Crutzen zufolge liegt aufgrund hoher Lachgas-Emissionen das relative Erwärmungspotenzial von Rapsöl und Mais bei 1 bis 1,7 bzw. 0,9 bis 1,5 (>1 = negative Klimawirkung).[201] Crutzens Ergebnisse resultieren allerdings aus hohen Annahmen beim Einsatz von Stickstoffdünger und aus einer hohen Konversionsrate von 3-5% von im Boden fixiertem Stickstoff zu flüchtigem N_2O. Beide Parameter sind nicht unumstritten. Das IPCC senkte sogar nach neuesten wissenschaftlichen Erkenntnissen 2006 die Konversionsrate von 1,25 auf 1%.[202] Die Fachagentur für nachwachsende Rohstoffe kritisierte Crutzens Studie, weil die Landwirtschaft heute tatsächlich ein Drittel weniger Stickstoffdünger einsetzt als Crutzen annimmt. Ein derart hoher Düngeeinsatz würde den Landwirten je Hektar 100 Euro Verlust einbringen und wäre deshalb weder wirtschaftlich noch eine realistische Größe.[203]

5.1.5 Sonstige Emissionen

Sowohl in der Wissenschaft als auch in der Öffentlichkeit finden die sonstigen Emissionen, die neben den THG in der Produktionskette entstehen, weit weniger Beachtung, was sich in einer weitaus geringeren Anzahl an Veröffentlichungen niederschlägt. Gemeinhin werden die Emissionen nach ihren Wirkungspotenzialen in Äquivalenzwerten zusammengefasst, diese sind im Einzelnen: Versauerung (SO_2-Äquivalente), Eutrophierung (PO_4-Äquivalente), Photosmog (C_2H_4-Äquivalente) und Humantoxizität ($PM_{2,5}$ und andere) als die wichtigsten. Ausgenommen von der Humantoxizität handelt es sich um Größen, welche auf die Umweltmedien Boden, Luft und Wasser belastend einwirken, das heißt, ihre Folgen wurden zum Teil bereits in Kapitel 5.1.3 beschrieben. In

---

[200] Vgl. WBGU (2008), S. 182.
[201] Vgl. Crutzen (2007), S. 390.
[202] Vgl. Pastowski et al. (2007), S. 78.
[203] Vgl. VDB (2008), S. 1.

diesem Zusammenhang wird ein Vergleich mit fossilen Kraftstoffen anhand der Äquivalenzwerte untersucht.

Allerdings ist eine quantitative Auswertung mangels ausreichender Datenbasis nur schwer darstellbar. Zudem können die Ergebnisse abhängig von der Fragestellung der Ökobilanz durchaus zu entgegengesetzten Werten kommen.[204] Aufgrund der Emissionen in der landwirtschaftlichen Produktion kann zumindest qualitativ festgehalten werden, dass Biokraftstoffe aus Anbaubiomasse bezüglich Eutrophierung und Versauerung schlechter als fossile Kraftstoffe abschneiden. Für Biokraftstoffe aus Reststoffen kann diesbezüglich bereits keine einheitliche Aussage mehr getroffen werden. Die Ergebnisse hängen vom Einzelfall ab und der gewählten Methodik, ob beispielsweise Reststoffe ohne ökologischen Rucksack in die Bilanz aufgenommen werden oder auch ein Alternativnutzen gegenübergestellt wird.[205]

Mehr Klarheit über die Wirkung der sonstigen Emissionen könnten ökologische Gesamtbilanzen bringen, wie sie in der Empa-Studie nach der Endpunkt-Bewertungsmethodik sowie nach der Umweltbelastungspunkte-Methode (ökologische Knappheit) erstellt worden sind. Die Ergebnisse korrelieren auffallend gut mit der separaten Betrachtung der Treibhausgasemissionen. Unter gleichzeitiger Berücksichtigung der THG und der gesamten Umweltbelastungen schneiden Biokraftstoffe aus Reststoffen und Biokraftstoffe der zweiten Generation (BtL, Methan, Lignocellulose-Ethanol) aus Reststoffen oder Holz besser ab als fossile Kraftstoffe.[206]

5.2 Sozioökonomische Auswirkungen

Die sozioökonomischen Folgen der Biokraftstoffnutzung wirken sich in den Entwicklungs- und Schwellenländern viel weitreichender aus als in den Industrieländern. Dies kann an mehreren Ursachen festgemacht werden. Das niedrigere Wohlstandsniveau und die dominierende Rolle der Landwirtschaft in den Volkswirtschaften der Entwicklungsländer führen dazu, dass die Länder und ihre Bevölkerung in weit höherem Maße von den Folgen veränderter Nahrungsmittelpreise betroffen sind. Gleichwohl sind die Entwicklungspotenziale bei einer niedrigen Wertschöpfung groß und die Biokraftstoffproduktion könnte angesichts der großen Flächenpotenziale in diesen Ländern die Landwirtschaft im engeren Sinne und andere Wirtschaftszweige stärker beeinflussen als dies

---

[204] Vgl. Quirin et al. (2004), S. 28 ff.
[205] Vgl. Quirin et al. (2004), S. 28 ff.
[206] Vgl. Zah et al. (2007), S. X.

in den Industrieländern zu erwarten ist. Insofern werden in diesem Kapitel die sozioökonomischen Auswirkungen der Entwicklungsländer betrachtet.

5.2.1 Ernährungssicherheit

Die Anzahl der hungernden Menschen weltweit hat nach Angaben der FAO in den letzten Jahren wieder deutlich zugenommen. In der Periode 2003/2005 waren schätzungsweise 848 Mio. Menschen von Hunger und Unterernährung betroffen, 2007 waren es aufgrund der sprunghaft gestiegenen Nahrungsmittelpreise zwischen 2006 und 2008 923 Mio. Menschen – 75 Mio. mehr.[207] Damit wurden der Trend und die bisherigen Erfolge umgekehrt: Zwar stiegen seit 1990/1992 bis 2003/2005 die absoluten Zahlen von 810 Mio. auf 832 Mio. leicht an, prozentual, begründet auf die wachsende Weltbevölkerung, fiel der Anteil der Hungernden aber in dem Zeitraum von 20 auf 16% bis er seit 2007 wieder anstieg.[208] Die Weltbank erwartet für weitere 100 Mio. Menschen drohende Unterernährung, wenn die Preise anhaltend hoch bleiben sollten.[209]

Mit Blick auf die Frage, in wieweit die Produktion von Biokraftstoffen für weltweit hungernde Menschen verantwortlich ist, ist es wichtig, den Gründen von Hunger und Unternährung allgemein nachzugehen. Die Entwicklungsländer (EL) müssten traditionell durch ihre komparativen Kostenvorteile (billige Arbeitskräfte) in der Lage sein, Nahrungsmittel billig zu produzieren und zu Nettoexporteuren zu avancieren. Tatsächlich wiesen im Zeitraum 1961/1963 die EL noch einen Handelsüberschuss von 1,14 Mrd. US-Dollar auf, der sich gegenwärtig in ein Defizit (1997/1999: -11,25 Mrd. US-Dollar) umgekehrt hat und auch in Zukunft weiter abrutschen wird (2015: -30,7 Mrd. US-Dollar; 2030: -50,1 Mrd. US-Dollar).[210] Seit 1980 sind die Lebensmittelimporte der Entwicklungsländer um 60% gestiegen.[211] Das ungebremst wachsende Handelsdefizit wird besonders bei der Betrachtung der 50 ärmsten Länder der Welt („least-developed countries") deutlich (Abbildung 14).

---

[207] Vgl. FAO (2008c), S. 6.
[208] Vgl. FAO (2008c), S. 6.
[209] Vgl. WBGU (2008), S. 61.
[210] Vgl. Thrän et al. (2005), S. 558.
[211] Vgl. Harbou & Schneider (2008), S. 1.

Abbildung 14: Agrar-Handelsbilanz der 50 ärmsten Länder (in Mrd. US-Dollar)

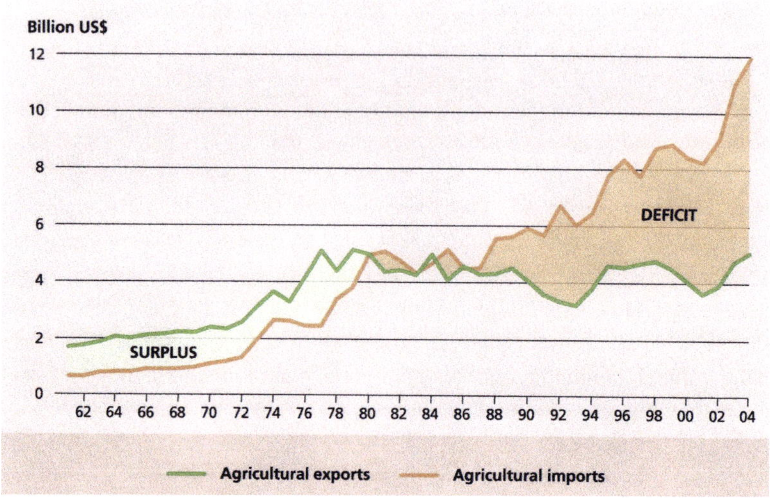

Quelle: FAO (2008a).

Diese Entwicklung steht in unmittelbaren Zusammenhang mit der Einkommenssituation in diesen Ländern. Die große Armut ermöglicht den Bauern nicht ihre Produktionsbedingungen zu verbessern, weil Geld für Investitionen etwa in Dünger, Saatgut, Erntemaschinen oder Anbau-Know-how fehlt. In Afrika südlich der Sahara, wo 34 der 50 ärmsten Länder sind, ist die landwirtschaftliche Produktivität seit 1970 um 20% gefallen. Zum Vergleich: in Südostasien stieg sie um 85%.[212] Hinzu kommen politische und wirtschaftliche Gründe: Mangelnde Infrastruktur, Korruption, Bürgerkriege und Diktaturen verhindern eine positive wirtschaftliche Entwicklung. Armut und politische Konflikte korrelieren sehr auffällig: In Afrika, wo die Armut am größten ist, sind mit 9,2 Mio. Menschen 69% der in Konflikten und Kriegen getöteten Menschen zu beklagen (Zeitraum 1994-2003).[213]

Gleich in zweierlei Weise benachteiligt die Agrarpolitik der EU und der USA die Bauern in Entwicklungsländern. Die Industrieländer schützen einerseits mit hohen Einfuhrzöllen ihre eigenen Märkte und schaffen andererseits mit Exportsubventionen Konkurrenz auf den heimischen Märkten der EL.[214] Die EP-Abgeordnete Silvana Koch-Mehrin stellte zwischen EU-Agrarsubventionen und

---

[212] Vgl. SZ (2008), S. 15.
[213] Vgl. UN (2005), S. 9.
[214] Vgl. Langer (2008), S. 12.

aktueller Ernährungskrise einen strukturellen Zusammenhang fest.[215] Zusätzlich hat sich der Schwerpunkt der Entwicklungshilfe zu Ungunsten der Landwirtschaft verschoben. Flossen 1983 noch 17% der Hilfsgelder in den ländlichen Raum, waren es 20 Jahre später, 2003, nur noch 3,7%.[216] All dies führt zu der paradoxen Situation, dass die Hälfte der hungernden Menschen[217] – in Afrika sogar zwei Drittel – selbst Bauern sind.[218]

Die geradezu explosionsartig gestiegenen Nahrungsmittelpreise zwischen 2006 und 2008 haben den Zustand der Welternährung nun noch weiter dramatisch verschärft. Nach Angaben der Weltbank haben sich die Nahrungsmittelpreise in den letzten drei Jahren um 80 Prozent erhöht. Reis hat sich allein zwischen 2007 und 2008 um 75% verteuert, Weizen sogar um 120%.[219] Die Ernährungskrise hat in zahlreichen Ländern zum Beispiel in Haiti, Südafrika, Indien und Mexiko zu Unruhen und Aufständen geführt. Die Ursachen für den Preisanstieg sind aber vielfältig. Die FAO nennt folgende Aspekte als die wichtigsten Gründe:[220]

- **Änderung der Anbaufrüchte.** Die größten Getreideproduzenten (USA, EU, Indien und China) bauen seit 2005/2006 prozentual betrachtet weniger Getreide an.

- **Schlechte Ernten.** Extreme Wetterereignisse haben die Weltgetreideproduktion 2005 um 3,6% und 2006 um 6,9% sinken lassen.

- **Ölpreisanstieg.** Zwischen 2003 und 2008 hat sich der durchschnittliche Ölpreis verdreifacht. Die Nahrungsmittelpreise korrelieren stark mit dem Ölpreis (siehe Abbildung 15) aufgrund mittelbarer und unmittelbarer Effekte, wie Kosten für Dünger, Energie und Transport in der Lebensmittelproduktion.

- **Veränderte Ernährungsgewohnheiten.** In den Schwellenländern, insbesondere in China und Indien, wo 40% der Erdbevölkerung leben, steigt mit wachsendem Wohlstand die Nachfrage nach hochwertiger und fleischhaltiger Ernährung. Dieser Aspekt könnte in Zukunft noch stärker Einfluss auf die Preise nehmen, ist aber gegenwärtig, laut FAO, noch gering.

---

[215] Vgl. Harbou & Schneider (2008), S. 2.
[216] Vgl. Ziedler (2008), S. 5.
[217] Vgl. Ziedler (2008), S. 5.
[218] Vgl. SZ (2008), S. 15.
[219] Vgl. Harbou & Schneider (2008), S. 1.
[220] Vgl. FAO (2008c), S. 9-11.

- **Marktregulationen.** In Folge der steigenden Preise haben manche Regierungen die Exportmöglichkeiten eingeschränkt und die Versorgung auf dem Weltmarkt weiter reduziert.

- **Finanzspekulation.** Spekulative Finanzgeschäfte haben im Agrarsektor zugenommen. Ob die Finanzspekulationen die Preise antrieben oder andersherum die Spekulationen aufgrund der steigenden Preise erfolgten, ist unklar.

- **Biokraftstoffnachfrage.** Die gewachsene Nachfrage an landwirtschaftlichen Rohstoffen muss sich in einem steigenden Preis wieder finden. Der stark gestiegene Ölpreis hat die Nachfrage nach Biokraftstoffen weiter angetrieben. 4,7% der Getreideproduktion von 2007/2008 ging in die Biokraftstoffproduktion.

Abbildung 15: Korrelation der Preise von Rohöl und Lebensmitteln

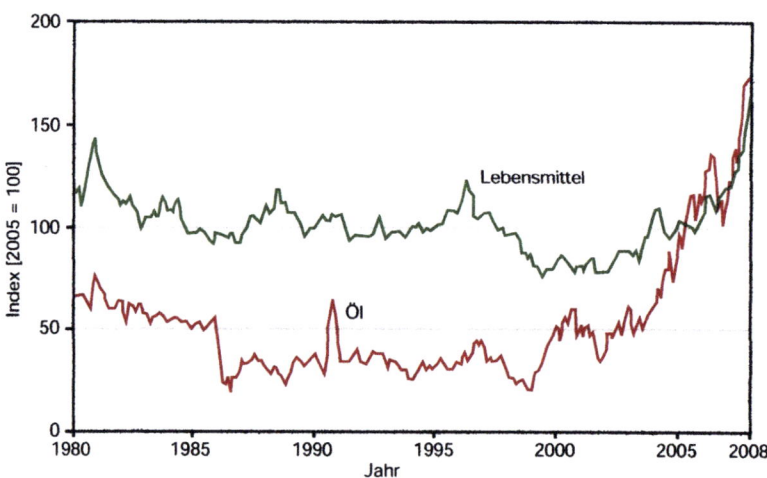

Lebensmittelindex enthält: Getreide, Pflanzenöl, Fleisch, Fisch, Zucker, Bananen, Orangen.

Quelle: WBGU (2008).

Die Biokraftstoffnutzung ist in jedem Fall für die Preisexplosion auch mitverantwortlich. Diesen Anteil aber zu quantifizieren bleibt schwierig und ungenau. Die Angaben des US-Landwirtschaftsministeriums, der OECD und des International Food Policy Research Institute (IFPRI) variieren sehr stark zwischen 2 und 30%

siehe Tabelle 8.[221] Nachdem analog zu den Ölpreisen mittlerweile auch die Nahrungsmittelpreise wieder stark gesunken sind, scheint jedoch die weltwirtschaftliche Lage im Zusammenhang mit dem Ölpreis am stärksten auf die Nahrungsmittelpreise zu wirken. Ferner muss festgestellt werden, dass die wetterbedingten Schwankungen der jährlichen Ernteerträge größer sind, als der Anteil, der in die Biokraftstoffnutzung derzeit fließt.

Tabelle 8: Einfluss der Biokraftstoffnutzung auf den Anstieg der Nahrungsmittelpreise

Quelle	Einfluss (in %)	Erklärungen
US-Landwirtschaftsministerium (2008)	2-3%	Nahrungsmittel allgemein
IFPRI (2008)	30%	Getreide (Anstieg 2000-2007)
OECD (2008)	7%	Mais
	19%	Pflanzenöle
Weltbank (2008)	75%	Nahrungsmittel allgemein. Ergebnisse sind in Fachkreisen aber umstritten

Quelle: WBGU (2008).

Der Einfluss der heutigen Biokraftstoffnachfrage dürfte daher noch gering sein. Eine weiter steigende Nachfrage und die weiter wachsende Weltbevölkerung, die bis 2030 nach FAO-Prognosen 50% zusätzliche Nahrungsmittel erfordern wird[222], wird die Situation aber schon bald verändern. Deshalb sollten Biokraftstoffe langfristig von der Nahrungsmittelproduktion entkoppelt werden, indem Flächen- und Rohstoffkonkurrenz möglichst vermieden werden.

5.2.2 Einkommensentwicklung

Über die Auswirkungen der Biokraftstoffnutzung auf die Wertschöpfung und die individuelle Einkommenssituation können keine allgemein gültigen Aussagen getroffen werden. Grundsätzlich muss zwischen kurzfristigen und langfristigen Effekten, sowie volkswirtschaftlichen und individuellen Wirkungen unterschieden werden, um eine Entwicklung abschätzen zu können.

---

[221] Vgl. WBGU (2008), S. 71.
[222] Vgl. WBGU (2008), S. 67.

Die Nahrungsmittelpreise werden allen Erwartungen nach trotz des jüngsten Preisrückgangs nicht mehr auf das niedrige Niveau Anfang des Jahrtausends zurückkehren, sondern mittelfristig weiter steigen. Die Preisexplosion zwischen 2006 und 2008 hat Nettoimporteure von Nahrungsmitteln besonders stark betroffen. 2007 haben die Entwicklungsländer, so schätzt die FAO, für Nahrungsmittelimporte 33% mehr bezahlen müssen. Für die einkommensschwachen Nettoimporteure der EL wiegen die Preisanstiege noch schwerer. Allerdings sind gerade in sehr armen Regionen der Erde, wie in Sub-Sahara Afrika, die lokalen nur wenig mit den internationalen Märkten verknüpft, was den Einfluss hoher Weltmarktpreise wiederum gering hält.[223]

Die kurzfristigen Folgen für die jeweilige Bevölkerung hängen zunächst davon ab, ob es sich um Netto-Produzenten (Netto-Verkäufern) oder Netto-Konsumenten (Netto-Käufern) von Nahrungsmitteln handelt. Auf Netto-Käufer wirken sich höhere Preise naturgemäß negativ aus und dies umso mehr, je höher der Einkommensanteil ist, der für Lebensmittel verwendet werden muss. In manchen Ländern müssen sowohl ländliche als auch städtische Bevölkerung 50-70% ihres Einkommens für die Ernährung ausgeben.[224] Je niedriger das Einkommen ist, sprich je ärmer jemand ist, desto höher wird dieser Anteil und desto schwerwiegender sind die Folgen gestiegener Preise. Netto-Verkäufer könnten dagegen, sofern die Preiserhöhungen auf den lokalen Märkten ankommen würden, profitieren. Dies sind meist jene Bauern, die relativ mehr Land besitzen.[225] Jedoch ist selbst in agrarisch geprägten Ländern mit einer mehrheitlich im ländlichen Raum lebenden Bevölkerung der Anteil der Netto-Verkäufer relativ gering. Auffallend hoch und ein Maß für die Situation in der Landwirtschaft ist die Zahl der Netto-Konsumenten auf dem Land, die zwischen 30 und 70% der Gesamtbevölkerung des jeweiligen Landes ausmachen. Kurzfristige Gewinne sind daher eher dort zu erwarten, wo eine gute landwirtschaftliche Infrastruktur bereits besteht, zum Beispiel bei kapitalintensiven Betrieben in Lateinamerika.[226]

Langfristig betrachtet, kann eine steigende Nachfrage in der Landwirtschaft bedingt durch die Biokraftstoffnutzung durchaus zu deutlich positiven Effekten führen. Das Potenzial für eine Steigerung der Wertschöpfung ist sehr groß. Die Landwirtschaft ist mit 400 Mio. kleinen und mittleren Farmen, welche die globale Nahrungsmittelproduktion dominieren, enorm beschäftigungsintensiv

---

[223] Vgl. WBGU (2008), S. 71.
[224] Vgl. Braun (2007), S. 7.
[225] Vgl. FAO (2008a), S.76.
[226] Vgl. WBGU (2008), S. 71.

und der globale Produktionswert übersteigt sogar den des Energiesektors.[227] In gering entwickelten Ländern wird Wirtschaftswachstum insbesondere von der Landwirtschaft generiert und hat im Vergleich mit anderen Branchen den größten Effekt auf die Armutsbekämpfung. Produktivitätssteigernde technische Innovationen, staatliche geförderte Forschungs- und Entwicklungsarbeit im Agrarbereich haben in der Vergangenheit nachweislich Millionen Menschen neue Einkommensmöglichkeiten und Beschäftigungen sowohl als Bauer als auch als Landarbeiter geschaffen. Eine verbesserte landwirtschaftliche Produktivität könnte nicht nur den Druck nehmen, neue Flächen kultivieren zu müssen sondern auch helfen, die Folgen steigender Nahrungsmittelpreise zu verringern.[228] Andere gehen sogar davon aus, dass höhere Agrarpreise für Armutsbekämpfung und Entwicklung der ärmsten Entwicklungsländer langfristig notwendig sind.[229]

Dass mit Rohstoffen für Biokraftstoffe keine Nahrungsmittel erzeugt werden, muss sich weder auf die Ernährungssituation noch auf die Wertschöpfung negativ auswirken. Die Einführung von „cash crops" (Tabak, Baumwolle, Kaffee o. ä.) hat in einigen Regionen beispielhaft gezeigt, dass damit private Investitionen in Markt-, Handels- und Absatzstrukturen, sowie in Humankapital angestoßen worden sind, die ebenso die Nahrungsmittelproduktion und andere landwirtschaftliche Bereiche begünstigt haben.[230] Biokraftstoffe könnten ähnliche Effekte bewirken und haben zusätzlich den Vorteil, dass Entwicklungsländer in die Lage versetzt werden würden eigene Energierohstoffe zu erzeugen. Volkswirtschaften, die gleichzeitig von Energie- und Nahrungsmittelimporten abhängig sind, einhergehend mit einem hohen Niveau von Unterernährung, sind besonders verwundbar.[231] „Eine schlechte Energieversorgung stellt aber sowohl Ursache als auch Wirkung von Armut dar, und eine Verbesserung wird als wichtige Voraussetzung zu ihrer Überwindung gewertet."[232]

Die Erwartungen angesichts des Nachholbedarfs und der gegenwärtigen Situation in den Entwicklungsländern sind groß, dürfen aber deswegen keineswegs überhöht werden. Es ist davon auszugehen, dass gerade in den ärmsten Regionen mittelfristig die negativen Effekte nach wie vor überwiegen werden,

---

[227] Vgl. Braun (2007), S. 4.
[228] Vgl. FAO (2008a), S. 79-80.
[229] Vgl. WBGU (2008), S. 71.
[230] Vgl. FAO (2008a), S. 82.
[231] Vgl. FAO (2008a), S. 74.
[232] Deutscher Bundestag (2002), S. 64.

und eine Verbesserung der Lage nur mit lenkender politischer Unterstützung der Weltgemeinschaft erreicht werden kann. Eine Analyse des IFPRI über den Einfluss der Biokraftstoffproduktion auf die landwirtschaftliche Wertschöpfung im Jahr 2020 kommt zu dem Ergebnis, dass Brasilien am meisten von einem Nachfrageanstieg profitieren kann (+7,8-10,5%). Die USA (+2,6-3,6%), Indien (+1,9-2,9%) und die EU (+0,8-1,0%) können moderate Zuwächse verzeichnen, wohingegen in Afrika südlich der Sahara ein Minus von 3,5-3,9% zu erwarten ist.[233] Bemerkenswert an den Zahlen ist aber, dass das kleinere Minus in dem Szenario mit der höheren Biokraftstoffnutzung erreicht wird, steigende Nachfragen sich also nicht linear negativ auswirken.

Die Verbesserung der individuellen Situation der Menschen in den Entwicklungsländern hängt ganz maßgeblich davon ab, in wie weit gerade Kleinbauern und Landarbeiter an einem möglichen steigenden Wirtschaftswachstum teilhaben können. Die Gefahr besteht, dass kapitalintensive Agrarunternehmen, die schneller als Kleinbauern auf eine steigende Biokraftstoffnachfrage reagieren, zum Nachteil der Landbevölkerung am meisten profitieren könnten. Große Investitionen in Prozesstechnologien und Infrastruktur werden aus Kostengründen erwartungsgemäß auch große Plantagen nach sich ziehen. Zudem könnte die Nutzung von kapitalintensiven Konversionstechnologien für Kraftstoffe der zweiten Generation Kleinbauern weiter zurückfallen lassen.[234] Andererseits werden bereits heute viele Dauerkulturen in Plantagen von Kleinbauern mit Erfolg bewirtschaft.

5.2.3 Soziale Effekte

Gelingt es durch eine steigende Biokraftstoffproduktion eine positive Wirtschaftsentwicklung anzustoßen, entstehen auf jeder Stufe des Produktionsprozesses neue Arbeitsplätze: vom Anbau über die Ernte, der Verarbeitung bis zum Vertrieb. Dies bietet große Chancen für bessere Einkommensverhältnisse und Armutsüberwindung, da in den Entwicklungsländern zurzeit etwa ein Drittel der arbeitsfähigen Bevölkerung von offener oder verdeckter Arbeitslosigkeit betroffen ist.[235] In Brasilien arbeiteten 2001 etwa 1 Mio. meist ungelernte Arbeiter der Landbevölkerung im Biokraftstoffsektor. 300.000 weitere indirekt erzeugte Arbeitsplätze in anderen Sektoren kommen hier noch hinzu.[236] Das IFPRI erwartet für Brasilien bis 2020 einen Beschäftigungszuwachs von 7,5%

---

[233] Vgl. Braun (2007), S. 5.
[234] Vgl. GTZ (2006), S. 14.
[235] Vgl. Deutscher Bundestag (2002), S. 64.
[236] Vgl. FAO (2008a), S. 82.

und auch deutliche Zuwächse für Indien, konstatiert aber gleichzeitig kleine negative Beschäftigungseffekte für Subsahara Afrika.[237] In Indonesien und Malaysia beschäftigt die Palmölwirtschaft 1 Mio. bzw. 400.000 Menschen derzeit.

Unbenommen bleibt, dass diese Arbeitsplätze nach europäischem Maß meist schlechte bis gar keine arbeits- oder gesundheitsrechtliche Standards aufweisen und illegale rechtlose Beschäftigungen ein Problem sind.[238] Auch geben sie keine Auskunft darüber, ob die gezahlten Löhne überhaupt die Einkommenssituation der Menschen verbessern und ein würdevolles Leben ermöglichen. In Fällen, in denen ehemalige Kleinbauern mit Gewalt von ihren Farmen vertrieben wurden und zur Arbeit auf Plantagen gezwungen sind bzw. gezwungen werden, ist die soziale Verelendung besonders groß. Diese moderne Form der Sklaverei ist auch ein Problem auf den Zuckerrohrplantagen Brasiliens.[239] NGO kritisieren zudem, dass der Plantagenanbau im Verhältnis zur Fläche weit weniger beschäftigungsintensiv ist als ein bäuerlicher Familienbetrieb.[240] Ein weiterer kritischer Aspekt, der ganz allgemein die Landwirtschaft in den Entwicklungsländern betrifft, ist die Kinderarbeit. Sie ist bei teilweise rückläufiger Bedeutung hier eher die Regel als die Ausnahme. „Weltweit entfiel Arbeit von Kindern unter 15 Jahren in 2004 zu 69% auf die Landwirtschaft."[241] Wegen der wirtschaftlichen Bedeutung dieses Sektors in den Entwicklungsländern und der traditionellen Rollenzuweisung der Kinder im ländlichen Raum, ist eine Reduzierung der Kinderarbeit in der Landwirtschaft besonders schwierig.

Ein weiteres Problem stellt sich mit den Landnutzungsrechten dar, diese sind oft nicht geklärt. Denn anders als in den Industrieländern, wo Landeigentum gesetzlich eindeutig geregelt ist, folgt die Landnutzung in Entwicklungsländern oft einem Prinzip frequentiver gewohnheitsrechtlicher Inanspruchnahme ohne legale Grundlage. So ist wiederum die Gefahr illegaler Landaneignung für den Plantagenbetrieb besonders hoch. „Die Zahl der Landkonflikte in Indonesien hat mit steigender Nachfrage nach Palmöl stark zugenommen und schon über 400 Dörfer in Mitleidenschaft gezogen."[242] Die traditionelle vielfältige Waldnutzung der vor allem indigenen Bevölkerung wird durch die Ölpalmplantagen verdrängt, und die betroffenen Menschen werden aus ihrem Siedlungsgebiet vertrieben

---

[237] Vgl. Braun (2007), S. 5.
[238] Vgl. Pastowski et al. (2007), S. 97.
[239] Vgl. Höges (2009), S. 1.
[240] Vgl. BMZ (2008), S. 14 f.
[241] Pastowski et al. (2007), S. 104.
[242] BMZ (2008), S. 15.

oder geraten ins soziale Abseits, da meist nicht sie sondern zugewanderte Arbeiter von den neuen Beschäftigungsmöglichkeiten profitieren.[243] Ähnliche Beispiele sind auch aus Südamerika bekannt: In Kolumbien vertrieben 2001 paramilitärische Gruppen die Einwohner von 23 Dörfern; auf diese Weise konnten sich Palmölunternehmen Flächen illegal aneignen.[244]

In Indien wiederum kollidieren die ehrgeizigen Pläne zum Jatrophaanbau auf Ödland mit der extensiven Nutzung durch die Landbevölkerung, die in diesen Gebieten Feuerholz und Baumaterialien, Viehfutter und eigene Nahrungsmittel sammelt. Die für den Jatrophaanbau in Südwest-China von der Regierung ausgewählten Flächen gehören mehrheitlich kleinen Dorfgemeinschaften und sind nicht in Staatsbesitz,[245] weswegen sich auch hier Konflikte abzeichnen dürften und zumindest die Gefahr negativer Effekte für die ansässige Landbevölkerung bestehen könnte.

---

[243] Vgl. WWF (2007), S. 25.
[244] Vgl. BMZ (2008), S. 15.
[245] Vgl. Cotula et al. (2008), S. 23.

6 Wege nachhaltiger Nutzung

Die öffentliche Diskussion um die negativen ökologischen und sozioökonomischen Auswirkungen der Biomassenutzung allgemein hat einerseits die Kritik an Anbaubiomasse als Energieträger erhöht. Andererseits führte sie dazu, verstärkt nach Strategien und Wegen nachhaltiger Nutzung zu suchen. Mittlerweile gilt eine Produktion, die darauf bedacht ist ökologische und sozioökonomische Beeinträchtigungen zu minimieren, in weiten Kreisen der Wirtschaft, Politik und Wissenschaft als Bedingung für eine energetische Nutzung. In diesem Kapitel wird auf die derzeitigen Entwicklungen, vorhandenen Nachhaltigkeitsstandards und Zertifizierungssystemen als Kontrollinstrument näher eingegangen.

6.1 Stand und Entwicklung

Bereits seit einigen Jahren werden unterschiedliche Produkte und ihre gesamte vorgelagerte Produktkette nach umweltfreundlichen und nachhaltigen Kriterien zertifiziert und mit entsprechenden Gütesiegeln ausgezeichnet. Ein bekanntes internationales Forst- und Holzlabel, dem hohe Glaubwürdigkeit attestiert wird, vergibt der Forest Stewardship Council (FSC). Praxisbewährte und positive Beispiele aus dem Agrarbereich sind das Sustainable Agriculture Network (SAN), ein speziell auf tropische Anbauregionen ausgerichtetes Label, und die Euro-Retailer-Produce-Working Group – Good Agriculture Practice (EurepGAP), ein handelsinternes Label mit strengem Rückvorfolgungssystem.[246] Darüber hinaus gibt es eine ganze Reihe von weiteren Standards und Siegeln, die nach unterschiedlich strengen Verfahren und Umwelt- oder Sozialkriterien die verschiedensten Produkte auszeichnen. Insgesamt können diese vorhandenen Zertifizierungssysteme jedoch nur unzureichend auf Biokraftstoffe angewendet werden. Bewertungen von Flächennutzungsformen, Effekte der Landnutzungsänderungen fehlen bislang ebenso wie harte Biodiversitätsindikatoren.[247] Zudem sind Lebenszyklus-Kriterien und hier insbesondere Treibhausgasbilanzierungen, die im Zentrum einer Nachhaltigkeitsprüfung stehen, im Kriterienkatalog bestehender Systeme nur kaum vorhanden oder fehlen ganz.

Der wachsende Welthandel mit Biokraftstoffen hat die alternativen Treibstoffe in der Öffentlichkeit in unmittelbaren Zusammenhang mit Naturzerstörungen in tropischen Regionen und zweifelhaften Arbeits- und Lebensbedingungen in den Entwicklungsländern gebracht. Infolgedessen haben einige Staaten in den

---

[246] Vgl. UBA (2008), S. 3.
[247] Vgl. UBA (2008), S. 3.

letzten Jahren begonnen, Kriterien und Modelle einer nachhaltigen Nutzung zu erarbeiten mit dem Ziel, Standards gesetzlich festzulegen. Nach den bisherigen Plänen soll die Erfüllung dieser Standards dann Biokraftstoffe für eine Förderung qualifizieren. Ein gesetzlicher Mindeststandard als generelle Marktvoraussetzung ist bislang nicht vorgesehen.

Vorreiter in dieser Entwicklung sind die europäischen Staaten und hier insbesondere Großbritannien und die Niederlande. In Kooperation untereinander und mit Deutschland und Belgien haben sie bereits einige wichtige Schritte hin zu einer nachhaltigen Nutzung von Biokraftstoffen unternommen. Großbritannien etwa hat mit dem „Renewable Transport Fuel Obligations"-Gesetz (RTFO) die Beimischungspflicht für Biokraftstoffe verbunden mit einer Berichtspflicht eingeführt. Kraftstoffanbieter müssen seit April 2008 über die Treibhausgasemissionen und ökologischen Auswirkungen der von ihnen verkauften Biokraftstoffe monatlich und jährlich berichten und erhalten dafür handelbare Zertifikate. Wer die Beimischungsquote nicht erfüllt, muss Zertifikate zukaufen. Die Umwelteffekte der einzelnen Anbieter werden als Wettbewerbsanreiz von der Regierung regelmäßig veröffentlicht.

Das RTFO ist als langfristiges Biokraftstoffprogramm angesetzt, das derzeitige Verfahren dient nur als Einstieg für eine Übergangszeit, solange internationale Standards und Zertifiziersysteme noch nicht existieren. Ab 2010 sollen RTFO-Zertifikate nur noch für Biokraftstoffe ausgegeben werden, die festgesetzte THG-Minderungswerte erreichen, und ab 2011 die zusätzlich gemäß Nachhaltigkeitsstandards produziert worden sind.[248] Solche Nachhaltigkeitsstandards wurden zusammen mit Vorschlägen für ein Bewertungsverfahren bereits von Großbritannien ebenso wie von den Niederlanden erarbeitet (siehe Kapitel 6.2.2), sind aber, solange keine einheitliche EU-Regelung existiert, noch nicht rechtlich verbindlich. Aus demselben Grund blieb bislang die Biomasse-Nachhaltigkeitsverordnung für Biokraftstoffe der Bundesregierung vom Dezember 2007 außer Kraft, die THG-Minderungswerte, nachhaltige Flächenbewirtschaftung und den Schutz natürlicher Lebensräume vorsieht. In der Erprobungsphase befindet sich derzeit ein vom BMELV in Auftrag gegebenes und von dem Unternehmen Meó Consulting entwickeltes international orientiertes Zertifizierungssystem für THG-Emissionen und Nachhaltigkeit (ISCC)[249] nach dem Meta-Prinzip (siehe Kapitel 6.3.1). Die Pilotphase endet im Januar 2010.

---

[248] Vgl. DfT (2007), S. 11 ff.
[249] International Sustainability and Carbon Certification (ISCC).

Sollte sich das Verfahren in der zweijährigen Probezeit bewährt haben, ist geplant, es an eine internationale Organisation zu übergeben.[250]

Damit könnte das ISCC-System bereits als Prüfverfahren zur Verfügung stehen, wenn eine EU-weite Regelung in Kraft ist. Im Januar 2008 hat die Europäische Kommission einen Entwurf für eine Richtlinie zur Förderung erneuerbarer Energien mit Nachhaltigkeits- und THG-Mindestanforderungen vorgelegt, dem das Europäische Parlament im Dezember 2008 zugestimmt hat. Eine Umsetzung in nationales Recht in den EU-Staaten folgt voraussichtlich im Laufe des Jahres 2009.

Auch in anderen Weltregionen beginnen Staaten mit der Implementierung von Nachhaltigkeitsstandards für Biokraftstoffe. So hat zum Beispiel Brasilien im Rahmen des nationalen Biodiesel-Programms Sozialstandards mit dem „Social-Fuel"-Label eingeführt. Hersteller erhalten Steuerbegünstigungen für Biodiesel nur dann, wenn sie die Rohstoffe von Kleinbauern beziehen. Je nach Region, Anbaupflanze und Status der Kleinbauern fallen die Vergünstigungen unterschiedlich hoch aus.[251] In Kalifornien fördert die „California Biomass Collaborative", eine Initiative mit Vertretern aus Politik, Industrie, Wissenschaft und Umweltgruppen, eine nachhaltige Biomassenutzung. 2006 veröffentlichte die Initiative Standards für nachhaltigen Anbau, Landnutzung und Umweltauswirkungen in einer Roadmap für Biomasse.[252]

Ferner haben internationale Organisationen und zwischenstaatliche Kooperationen, wie die FAO mit dem Global Bioenergy Partnership oder die IEA mit der Task 40, begonnen Standards und Zertifizierungen auszuarbeiten. Gleichsam sind internationale Netzwerke mit staatlichen, nichtstaatlichen und privatwirtschaftlichen Stakeholdern entstanden, die ebenfalls an Standards und Modellen für eine nachhaltige Biomassenutzung arbeiten. Exemplarisch seien der Roundtable on Sustainable Biofuels (RSB), der Round Table on Responsible Soy (RTRS), die Better Sugarcane Initiative (BSI) oder der Roundtable on Sustainable Palm Oil (RSPO) genannt.[253] Der RSPO, gegründet 2002 auf Initiative des Schweizer Lebensmittelkonzern Migros und des WWF und heute hauptsächlich aus in das Palmölgeschäft involvierten Unternehmen bestehend, hat mittlerweile die Pilotphase seines Zertifizierungssystems beendet und im November 2008 erstmals nachhaltig produziertes Palmöl ausgezeichnet.

---

[250] Vgl. MEO (2008).
[251] UN (2008), S. 10.
[252] UN (2008), S. 12.
[253] Vgl. Dam et al. (2006), S. 19 ff.

Umweltorganisationen kritisieren allerdings, dass die Standards nicht restriktiv genug sind, um weitere Regenwaldzerstörungen zu verhindern und dass RSPO-Mitglieder weiter in Rodungen verstrickt sind.[254]

6.2 Nachhaltigkeitsstandards

Die Erarbeitung und Festlegung von Standards sind für eine nachhaltige Nutzung in zweierlei Hinsicht vonnöten. Nachhaltigkeitsstandards definieren zunächst die Schutz- und Operationsziele, anhand derer die verschiedenen Anbau- und Produktionsmöglichkeiten in erwünschte und unerwünschte abgegrenzt werden können. Konkret bedeutet das, Standards sind Definitionsgrößen, die festlegen, was nachhaltiges Wirtschaften ist. Andererseits stellen Nachhaltigkeitsstandards Messgrößen dar. Mit Hilfe von Zertifizierungssystemen kann nachhaltiges Wirtschaften anhand der vorgegebenen Standards überprüft und bei Übereinstimmung ausgezeichnet werden. Je präziser die Standards formuliert sind, desto besser kann ihre Erfüllung oder Nichterfüllung überprüft und ein aussagekräftiges Zertifizierungsergebnis erzielt werden. Dazu bedarf es einer abgestuften Konkretisierung der Nachhaltigkeitsstandards, die in Kapitel 6.2.1 systemisch und im folgenden Kapitel 6.2.2 an einem Beispiel beschrieben wird. Kapitel 6.2.3 gibt abschließend einen vergleichenden Überblick über weitere aktuelle Standards für Biokraftstoffe.

6.2.1 Systemischer Ansatz

Nachhaltigkeitsstandards werden im Rahmen von Zertifizierungssystemen idealerweise dreigliedrig in Grundsätze, Kriterien und Indikatoren bzw. Berichterstattungen (principles, criteria, indicators and reporting) hierarchisch unterteilt. In Grundsätzen wird zunächst übergeordnet die Zielsetzung allgemein benannt, ohne weitere nähere Aussagen zu treffen. Diese erfolgen dann in den Kriterien, die die Grundsätze nach den gewünschten Anforderungen konkretisieren. Um deren Erfüllung oder Nichterfüllung beurteilen zu können, werden in Form von Indikatoren quantitative Werte als Mindeststandards festgesetzt.[255] Sind die Kriterien nicht nach messbaren Größen zu beurteilen, können anstelle konkreter Indikatoren Berichterstattungen treten. Eine Mindestanforderung gibt es in diesem Fall in Ermangelung an messbaren eindeutigen Grenzen nicht. Dennoch können diese beschreibenden Indikatoren wichtige Informationen liefern, indem sie Entwicklungen aufzeigen oder bislang nicht bzw. schwer quantifizier-

---

[254] Vgl. Behrend (2008), S. 13.
[255] Vgl. UN (2008), S. 2.

bare Aspekte, wie zum Beispiel indirekte Landnutzungseffekte, berücksichtigen. Berichterstattungen helfen daher den Blick über die Mindeststandards hinaus zu erweitern und gegebenenfalls unerwünschte Trends frühzeitig zu erkennen und Standards diesbezüglich weiterzuentwickeln oder anzupassen. Die so genannte „Cramer Kommission" hat diesem systemischen Ansatz folgend für die Niederlande Nachhaltigkeitsstandards erarbeitet.

6.2.2 Standards am Beispiel Niederlande

In den Niederlanden wurde 2006 mit Blick auf die Risiken der Biomassenutzung im Rahmen des Interdepartmental Programme Management Energy Transition die Projektgruppe Sustainable Production of Biomass - kurz Cramer Kommission[256] - eingesetzt, die in den folgenden Jahren Nachhaltigkeitsstandards und Vorschläge für Kontroll- und Messverfahren erarbeitet hat. Die Cramer Kommission versteht ihre Ergebnisse als Grundlage für die künftige politische Zielsetzung und gleichzeitig für Initiativen in der Privatwirtschaft auf freiwilliger Basis. Bereits bestehende internationale Richtlinien, Standards oder Gütesiegel wurden in die Arbeit miteinbezogen. Die Standards wurden so ausgearbeitet, dass sie sich bestmöglich in die heutige internationale Rechtsordnung und die geltenden internationalen Konventionen einfügen lassen. Ferner wurden sie so ausgerichtet und formuliert, dass sie auf alle Biomassestoffströme in jedem Land anwendbar sind. Dies eröffnet zusätzlich zu der internationalen Kompatibilität die Möglichkeit, die Kriterien langfristig auf jegliche erzeugte und genutzte Biomasse auszuweiten.[257]

Der Kriterienkatalog und der Prüfrahmen sollen, so die Zielrichtung der Cramer Kommission, grundsätzlich die wesentlichen Nachhaltigkeitsprobleme und –aspekte in Verbindung mit Biokraftstoffproduktion und –handel erfassen, dabei aber noch praktikabel und nachprüfbar in der Anwendung sein. Die negativen und sozioökonomischen Auswirkungen der Biokraftstoffnutzung (siehe Kapitel 5) unterteilt die Projektgruppe in sechs zentrale Themen: Treibhausgasemissionen, Nahrungsmittelkonkurrenz zusammen mit konkurrierender lokaler Biomassenutzung, Biodiversität, Umwelt, wirtschaftliche Entwicklung und gesellschaftlicher Wohlstand. Auf Basis dieser Themen wurden neun Grundsätze abgeleitet, die nach dem in Kapitel 6.2.1 beschriebenen Ansatz mit Kriterien und Indikatoren näher definiert wurden (siehe Anhang A5). Exemplarisch sind in Tabelle 9 zwei Kriterien und ihre Indikatoren aufgeführt.

---

[256] Nach der Vorsitzenden und nunmehr niederländischen Umweltministerin Jacqueline Cramer.
[257] Vgl. Cramer et al. (2007), S. 3 f.

Eindeutige Indikatoren gelten als Mindeststandards, Kriterien, die beschreibende Angaben (Berichterstattung) erfordern, könnten freiwillig sein bzw. zu einem späteren Zeitpunkt, wenn dafür messbare Indikatoren zur Verfügung stehen, als Mindeststandard aufgenommen werden. Die Grundsätze werden hier kurz aufgeführt:

1. Die Treibhausgasbilanz der Lebenszykluskette muss positiv sein.

2. Die Biomasseproduktion darf nicht zu Lasten von Kohlenstoffsenken in der Vegetation und im Boden erfolgen.

3. Keine Gefährdung der Nahrungsmittelversorgung und des lokalen Biomassebedarfs.

4. Keine Auswirkungen auf geschützte oder gefährdete Biodiversität, Stärkung wo möglich.

5. Erhalt oder Verbesserung des Bodens und der Bodenqualität.

6. Erhalt oder Verbesserung der Wasserqualität, keine erschöpfende Wassernutzung.

7. Erhalt oder Verbesserung der Luftqualität.

8. Begünstigung der lokalen wirtschaftlichen Entwicklung.

9. Begünstigung der Wohlstandsentwicklung für Beschäftigte und lokale Bevölkerung.[258]

---

[258] Vgl. Cramer et al. (2007), S. 10.

Tabelle 9: Grundsätze, Kriterien und Indikatoren von Standards im Beispiel

2. **Grundsatz:** Die Biomasseerzeugung geht nicht auf Kosten wichtiger Kohlenstoffreservoirs in der Vegetation und im Boden.	
Kriterium 2.1: Behalt oberirdischer (Vegetation) Kohlenstoffreservoirs beim Anlegen von Biomasseeinheiten.	**Indikator 2.1.1 (Mindestanforderung)** Das Anlegen neuer Biomasseerzeugungseinheiten findet nicht in Gebieten statt, in denen der Verlust an oberirdischen Kohlenstofflagerung nicht innerhalb eines Zeitraums von 10 Jahren, in dem Biomasseerzeugung erfolgt, zurückverdient werden kann. Das Referenzdatum ist der 1. Januar 2007, mit Ausnahme der Biomasseströme, für die schon ein Referenzdatum im Rahmen anderer (sich in Entwicklung befindlicher) Zertifizierungssysteme gilt.
9. **Grundsatz:** Die Erzeugung von Biomasse trägt zum Wohlergehen der Arbeitnehmer und der örtlichen Bevölkerung bei.	
Kriterium 9.1 Keine negativen Effekte auf die Arbeitsumstände der Arbeitnehmer.	**Indikator 9.1.1 (Mindestanforderung)** Erfüllen der Tripartite Declaration of Principles concerning Multinational Enterprises and Social Policy (abgefasst von der International Labour Organisation).

Quelle: Cramer et al. (2007).

Die Grundsätze gelten für die ganze Prozesskette für Biokraftstoffe. Reststoffe werden nur dann gesondert betrachtet, wenn ihr wirtschaftlicher Wert unter 10% des Hauptproduktes (z.B. Stammholz) liegt. In dem Fall gelten nur die Anforderungen an die THG-Emissionen und die Bodenbeanspruchung (Grundsätze 1 und 5). Den Nachweis zur Einhaltung der Kriterien müssen aber letztlich die Versorgungsunternehmen im Inland (hier: Niederlande) erbringen, worauf diese auf eine nachhaltige und zertifizierte Vorkette hinwirken werden.

Allerdings können nicht alle Nachhaltigkeitskriterien auf Unternehmensebene (z.B. Einflüsse auf die Ernährungssituation für ein ganzes Land) geprüft und eingehalten werden. Daher schlägt die Cramer Kommission ein Monitoring auf zwei Ebenen vor: die Unternehmensebene und die Makroebene. Insbesondere die indirekten Landnutzungsänderungen spielen bei der Frage nach einer nachhaltigen Nutzung eine ganz entscheidende Rolle. Sie wirken sich genauso auf die THG-Emissionen und die Biodiversität wie auf die Nahrungsmittelversorgung aus und sind wenig zufrieden stellend auf der Unternehmensebene in der Produktionskette wiederzugeben. Dies trifft auch auf die Wohlstandsentwicklung einer Region oder Gesellschaft zu. Diese Entwicklungen zu verfolgen und den Einfluss der Biokraftstoffnutzung darauf zu beobachten, obliegt den Staaten und ihren Regierungen selbst, die nach den Vorschlägen der Cramer Kommission in Kooperation mit den involvierten Länderregierungen und internationalen Organisationen Daten erheben und Monitoringsysteme implementieren sollen. Die Unternehmen steuern mit beschreibenden Angaben (Berichterstattungen) Informationen dazu bei.[259]

6.2.3 Standards im Vergleich

Obgleich eine Bündelung und Koordinierung der weltweit zahlreichen Initiativen für eine nachhaltige Biomassenutzung bisher nicht stattgefunden hat, orientieren sich die einzelnen Akteure bereits aneinander und harmonisieren in der Entwicklungsphase ihre Ansätze für Standards und Prüfsysteme auf ein globales Niveau. Die heute verfügbaren bzw. veröffentlichten Nachhaltigkeitsstandards unterscheiden sich denn auch nicht so sehr in ihren Grundsätzen und erfassten Nachhaltigkeitsaspekten, vielmehr variieren sie darin, wie konkret die Standards formuliert wurden und wie weit reichend sie sind. Dabei ist nicht unbedingt der umfassendste Kriterienkatalog als der beste anzusehen. Nachhaltigkeitsstandards müssen nicht nur die Kernprobleme in ihrer Breite erfassen, sie müssen auch gleichzeitig praktikabel anwendbar sein, internationalem Recht (z.B. GATT) entsprechen – dürfen also zum Beispiel durch zu sehr eingrenzende Kriterien nicht manche Länder vom Handel ausschließen – und müssen schließlich schon kurzfristig für einen Großteil der globalen Biomasseströme gelten. Diese Anforderungen können durchaus einen Einstieg mit relativ geringen Mindestanforderungen rechtfertigen. Anders als bei bestehenden freiwilligen Gütesiegeln, die nur ein kleines Marktsegment abdecken (FSC: 2% der Weltforstfläche)[260], müssen Standards für die Biokraftstoffnutzung obligatorisch eingeführt und langfristig auf die gesamte Biomassenutzung ausgedehnt werden, um einen Großteil der globalen Biomasseströme zu erfassen und so

---

[259] Vgl. Cramer et al. (2007), S. 13 ff.
[260] Vgl. UBA (2008), S. 4.

dazu beitragen zu können, negative Auswirkungen zu minimieren. Vor diesem Hintergrund sind die vorliegenden Standards von staatlicher und nichtstaatlicher Seite zu bewerten.

In dieser Übersicht werden die Entwürfe der EU-Richtlinie zur Förderung Erneuerbarer Energien und der Biomasse-Nachhaltigkeitsverordnung, sowie die Ausarbeitungen aus den Niederlanden und Großbritanniens verglichen. Die Vorschläge aus Großbritannien sind vom Aufbau (Grundsätze, Kriterien, Indikatoren) als auch von der Zielrichtung mit denen aus den Niederlanden sehr vergleichbar (siehe Kapitel 6.2.2). Weit weniger ausführlich sind die Entwürfe der EU und Deutschlands. Hier wurden vor allem Kernforderungen möglichst nachprüfbar formuliert, jedoch aber auf detaillierte Angaben und Indikatoren verzichtet. Auch wurde einige Bereiche nicht erfasst, wie der Vergleich im Folgenden zeigt.

Die THG-Minderungspotenziale, ein ganz zentrales Kriterium, setzen die Entwürfe von staatlicher Seite noch relativ niedrig an. Der Entwurf der deutschen Biomasse-Nachhaltigkeitsverordnung (BioNachV) erfordert mindestens 30% Reduktion (40% in 2011)[261] genauso wie die niederländischen Vorschläge und ähnlich wie die geplante EU-Richtlinie zur Förderung erneuerbarer Energien, die 35% ansetzt (50% in 2017).[262] Großbritannien legt im RTFO eine jährlich steigende Mindestanforderung von 40% (2008/2009) auf 50% (2010/2011) fest.[263]

Landnutzungskonkurrenzen, die vor allem den wichtigen Aspekt der Nahrungsmittelkonkurrenz beinhalten, führen von den staatlichen Vorschlägen nur die niederländischen Standards auf. Quantifizierbare „harte" Indikatoren werden nicht genannt, diese sind aber auch bislang nicht verfügbar. Die Cramer Kommission sieht hier die Regierung in der Pflicht, diesen Aspekt auf der Makroebene zu beobachten.

In Anbetracht der öffentlichen Diskussion und des besorgniserregenden Fortschreitens der Regenwaldzerstörung sind der Schutz der Biodiversität und die direkte Landnutzungsänderung zentrale Bestandteile der untersuchten Nachhaltigkeitskriterien. Unterschiede gibt es im Referenzjahr, ab dem Veränderungen in der Landnutzung und der Biodiversität berücksichtigt werden sollen. Die EU-Kommission will rückwirkend bis Januar 2008, die Niederlande bis Januar

---

[261] Vgl. BioNachV (2007), S. 5.
[262] Vgl. WBGU (2008), S. 250.
[263] Vgl. UBA (2008), S. 35 f.

2007 und Großbritannien sowie Deutschland bis November bzw. Januar 2005 Bezug nehmen. Je weiter das Referenzjahr zurückliegt, desto mehr Primärwaldrodungen der jüngsten Zeit können beispielsweise mit einbezogen werden. Dieser Ansatz ist insofern konsequent, da nicht das Inkrafttreten eines Standards oder das Einführungsdatum eines Zertifizierungssystems, sondern der Beginn dieser Prozesse herangeführt werden sollte, um frühzeitig an involvierte Staaten und Unternehmen ein Signal zu richten.[264]

Für Auswirkungen auf die Umweltmedien Luft, Wasser und Boden beschreiben die Standards der Niederlande und Großbritanniens ausführliche Kriterien und Indikatoren, weit weniger umfangreich sieht es die BioNachV vor. Die EU-Kommission schlägt nur eine Berichtspflicht der EU-Mitgliedsstaaten vor. Die Berichtspflicht bezieht sich auch auf soziale Kriterien.[265] Eindeutige soziale Kriterien und Indikatoren schlagen nur die Niederlande und Großbritannien vor. Keine Entsprechung findet sich in der BioNachV, dies wird mit der Kompatibilität mit internationalem Recht begründet.[266]

Tabelle 10: Nachhaltigkeitsstandards im Überblick

	BioNachV	EU	NL	UK
THG-Reduktion	X	X	X	X
Kohlenstoffkonservation ...in der Vegetation ...im Boden	(x) (x)	X X	X X	X X
Nahrungsmittelkonkurrenz			X	
Schutz der Biodiversität	X	X	X	X
Bodenschutz	X		X	X
Nachhaltige Wassernutzung	X		X	X
Erhalt Luftqualität	X		X	X
Wirtschaftliche Entwicklung			X	
Soziales Wohlergehen			X	(x)
Arbeitsstandards			(x)	X

X : berücksichtigt und detaillierte Indikatoren,
X : berücksichtigt aber weniger konkret,
(x): indirekt oder teilweise berücksichtigt.

Quelle: UBA (2008).

---

[264] Vgl. UBA (2008), S. 36 ff.
[265] Vgl. WBGU (2008), S. 250.
[266] Vgl. BioNachV (2007).

Tabelle 10 gibt nochmals einen vergleichenden Überblick über die erfassten Kriterien der einzelnen Standards. Ohne Frage fällt der Entwurf der EU-Kommission hinter die Standards der Niederlande und Großbritanniens zurück, und auch die BioNachV weist längst nicht so detaillierte Kriterien und Indikatoren auf. Hier zeigt sich, dass die Auseinandersetzung über nachhaltige Nutzungswege in diesen beiden Ländern am weitesten fortgeschritten ist. Dennoch sind Umfang und Niveau dieser Standards gegenüber den Vorschlägen der EU und der Bundesregierung nicht per se vorzuziehen. Aus gutem Grund sind die niederländischen und britischen Standards bislang nicht rechtsverbindlich. Es existiert noch kein umfassendes und international gültiges Zertifizierungssystem für Biokraftstoffe, das solche Standards überprüfen könnte. Die Unterteilung in Makro- und Unternehmensebene, die Differenzierung in Mindestanforderung und Empfehlungen (NL und GB) sind zu begrüßen und beispielgebend für andere Länder. Solche Best-Practice-Ansätze können den Nachhaltigkeitsprozess innerhalb der EU und im bilateralen Austausch weiter forcieren. Für einen breiten und zeitnahen Einstieg in eine nachhaltige Nutzung, dürfen aber – zumindest in der Startphase – die Hürden nicht zu hoch sein. Eine erfolgreiche Breitenwirkung kann den Nachhaltigkeitsprozess aus sich selbst heraus weiter dynamisieren. Unter diesem Aspekt ist der EU-Ansatz, der freilich nur einen Einstieg darstellen kann, mit seinen vergleichsweise niedrigen und wenig konkreten Anforderungen gerechtfertigt.

Bei aller Notwendigkeit zum Handeln, bleibt es unvermeidlich, nur schrittweise Nachhaltigkeitskriterien zu mandatieren. Erfahrungen mit bestehenden Zertifizierungssystemen zeigen, dass die Etablierung eines funktionierenden Systems durchaus 5-10 Jahre in Anspruch nehmen könnte.[267] Dieser Übergang muss klug überbrückt werden. Großbritannien tut dies mit dem obligatorischen Berichtssystem, das bis 2011 für drei zentrale Aspekte steigende Zielmargen vorsieht (siehe Tabelle 11).[268] Diese sind zwar nicht rechtsverbindlich für die Unternehmen, geben aber vor, in welchem Umfang und wie schnell sie eine nachweisbare nachhaltige Produktionskette realisieren müssen. Deutschland will zentrale Nachhaltigkeitskriterien in den geltenden Rechtsvorschriften so konkretisieren, dass ihre Einhaltung mit zugelassenen Umweltgutachtern überprüft werden kann. Gut überprüfbare Ausschlusskriterien sollen eine positive THG-Bilanz und in zentralen Punkten die Umweltverträglichkeit auch in

---

[267] Vgl. BMU (2008c), S. 17.
[268] Vgl. RFA (2008), S. 2.

einer Übergangszeit gewährleisten.[269] Wie eine Zertifizierung von Biokraftstoffen mittelfristig funktionieren könnte, wird im folgenden Kapitel ausgeführt.

Tabelle 11: Zielwerte des RTFO-Berichtssystems

	2008-2009	2009-2010	2010-2011
Rohstoffanteil, der Umweltstandards erfüllt	30%	50%	80%
THG-Verminderung	40%	45%	50%
Berichtserfüllung der vorgegebenen Biokraftstoffdaten	50%	70%	90%

Quelle: RFA (2008).

6.3 Zertifizierungskonzepte

6.3.1 Metastandard

Die Anforderungen an ein Zertifizierungssystem für Biokraftstoffe sind analog zu den möglichen negativen Auswirkungen, die es zu vermeiden gilt, sehr groß und vor allem umfangreich. Bislang gibt es kein am Markt verfügbares Gütesiegel, das diese notwendige Bandbreite an Kriterien abdecken könnte. Dennoch ist es sinnvoll auf die bisherigen Systeme zurückzugreifen und sie nicht nur als Bausteine für ein übergeordnetes Biokraftstoff-System zu nutzen sondern auch von den bisherigen Erfahrungen zu profitieren. Auf diese Weise werden bestehende Strukturen eingebunden und zusätzliche Kosten minimiert, was die Einführung eines neuen Zertifizierungssystems beschleunigen und die Hürden in einem solchen Implementierungsprozess herabsetzen kann. Dieser Idee folgt der Metastandard.

Wenn ein Unternehmen bereits mit einem Agrar-, Forst- oder Sozialstandard ausgezeichnet ist, wird die Bereitschaft, sich für ein zusätzliches Label zertifizieren zu lassen, gering sein. Die bereits erfüllten Standards sollen deshalb in einem Metasystem berücksichtigt werden. Dafür werden die Kriterien des zu erfüllenden Biokraftstoffstandards (z.B. nach RTFO) mit denen der bereits erfüllten Standards verglichen und nach Übereinstimmungen gesucht. Solche Benchmarks wurden bereits in einigen Ländern unternommen, und die entworfenen Kriterien mit denen existierender Standards verglichen. Tabelle 12 zeigt

---
[269] Vgl. BMU (2008c), S. 17.

einen Vergleich der gängigsten Standards mit den Kriterien nach Vorschlägen der Cramer Kommission. Das Ergebnis zeigt, dass einige Standards (SAN/RA, RSPO oder FSC) in ihrer jetzigen Darstellung bereits einige Überschneidungen bieten. Die meisten Übereinstimmungen liegen in den Grundsätzen Biodiversität, Umwelt und Wohlergehen vor. Keine oder nur geringe Übereinstimmungen finden sich dagegen bezüglich der Anforderungen an Treibhausgase, Nutzungskonkurrenz und Wohlstand. Dies erklärt sich besonders dadurch, dass die existierenden Standards nur einen nachhaltigen oder umweltfreundlichen Anbau bzw. eine solche Produktion im Focus haben. Überregionale Einflüsse, wie Nahrungsmittelkonkurrenz oder wirtschaftlicher Wohlstand eines Landes, werden bei dieser Zielsetzung genauso wenig berücksichtigt wie Aspekte des Lebenszyklusses, sodass die so wichtige Überprüfung der THG-Emissionen entlang der gesamten Produktkette nicht überprüft wird.

Tabelle 12: Benchmark Nachhaltigkeitsstandards nach den Cramer-Kriterien

CRAMER CRITERIA	SAN/RA	RSPO	RTRS Basel	EUREPGAP	FSC	SA 8000	IFOAM
1 Treibhausgasbilanz							
1a Die Netto Emissionsreduzierung in Hinsicht auf fossile Referenzen, einschließlich Anwendung, beträgt mindestens 30%. Hierbei wird von starker Differenzierung der politischen Instrumente ausgegangen, wobei zum Beispiel bessere Leistungen mehr finanzielle Unterstützung erhalten.	N	N	N	N	N	N	N
2. Konkurrenz zu Nahrung, örtlicher Energieversorgung, Medikamenten und Baumaterialien							
2a Einblick in die Verfügbarkeit von Biomasse zur Nahrung, örtlichen Energieversorgung, Baumaterialien oder Medikamenten.	N	N	N	N	N	N	N
3.1 Biodiversität: Das Anlegen von Biomasseerzeugungseinheiten wird nicht auf Kosten der geschützten oder verwundbaren Biodiversität gehen.							
3a Kein Angriff auf die Biodiversität durch die Biomasseerzeugung in geschützten Gebieten.	Y	Y	Y	N	Y	N	Y
3b Kein Angriff auf die Biodiversität durch die Biomasseerzeugung in den übrigen Gebieten mit hohen Biodiversitätswerten oder hoher Verwundbarkeit.	Y	Y	Y	N	Y	N	N
3c Kein Anlegen von Biomasseerzeugungseinheiten in Gebieten, in denen die Biodiversität kürzlich aufgrund Konversion verringert wurde.	N	Y	Y	N	Y	N	P
3.2 Biodiversität: Die Verwaltung der Biomasseerzeugungseinheiten wird zum Erhalt und zur Verstärkung der Biodiversität beitragen.							
3.2a Konkreter Beitrag zum Erhalt oder zur Wiederinstandsetzung der Biodiversität auf oder rund um die Biomasseerzeugungseinheiten in natürlichen Landschaften oder Kulturlandschaften.	P	N	P	N	P	N	N
4. Wohlstand							
4a Einblick in die eventuellen negativen Effekte auf die regionale und nationale Wirtschaft.	P	P	P	N	P	N	N
5 Wohlergehen: Keine negativen Effekte auf das Wohlergehen der Arbeitnehmer und der örtlichen Bevölkerung, dabei berücksichtigend:							
5a Arbeitsumstände der Arbeitnehmer	Y	P	P	P	P	Y	P
5b Menschenrechte	Y	P	P	N	P	Y	P
5c Eigentums- und Nutzungsrechte	P	Y	Y	N	Y	N	P
5d Einblick in die sozialen Umstände der örtlichen Bevölkerung	Y	P	P	N	P	P	N
5e Integrität	N	N	N	N	N	N	N
6.1 Umwelt: Bei der Erzeugung von Biomasse bleiben der Boden und die Qualität des Bodens erhalten oder werden verbessert							
6.1a Bei der Erzeugung von Biomasse werden Best Practices angewendet um den Boden und die Qualität des Bodens zu erhalten oder zu verbessern.	Y	Y	Y	P	P	N	Y
6.1b Bei der Erzeugung von Biomasse werden Erntereste zu mehrfachen Zwecken eingesetzt.	P	P	N	N	P	N	P
6.2 Umwelt: Bei der Erzeugung von Biomasse werden Grund- und Oberflächenwasser nicht erschöpft und wird die Wasserqualität gehandhabt oder verbessert.							
6.2a Bei der Erzeugung von Biomasse werden Best Practices angewendet um den Wasserverbrauch einzuschränken und die Qualität des Grund- und Oberflächenwassers zu erhalten oder zu verbessern.	Y	Y	Y	P	P	N	P
6.2b Bei der Erzeugung von Biomasse wird kein Wasser aus nicht-erneuerbaren Quellen verwendet.	Y	Y	Y	P	N	N	Y
7. Gesetzgebung: Biomasseerzeugung wird in Übereinstimmung mit den relevanten nationalen Gesetzen und Vorschriften und internationalen Verträgen erfolgen.							
7a Keine Übertretung relevanter nationaler Gesetze und Vorschriften, die auf die Biomasseerzeugung bzw. das Biomasseerzeugungsgebiet anwendbar sind.	Y	Y	Y	Y	Y	Y	N
7b Keine Übertretung relevanter internationaler Verträge.	Y	Y	P	N	Y	Y	Y

Y (grün): Kriterium erfüllt, P(gelb): Kriterium teilweise erfüllt, N(rot): Kriterium nicht erfüllt.

Quelle: Cramer et al. (2007).

Entscheidend für die Umsetzung eines Metasystems ist es zu verifizieren, welche anderen Standards die erforderlichen Nachhaltigkeitsnachweise erbringen und welche nicht. Der beispielhafte Vergleich hat schon gezeigt, dass eine absolute Übereinstimmung zum jetzigen Zeitpunkt nicht erreicht werden kann. Ein erster Schritt wäre daher, solche Zertifizierungssysteme als qualifizierte Standards zu kennzeichnen, die zumindest einen Großteil der Kriterien erfüllen. Großbritannien verfolgt diesen Ansatz und akzeptiert den Nachweis über so genannte „Qualifying Standards", die ein festgelegtes Mindestmaß der RTFO-Kriterien erfüllen müssen. Die noch fehlenden Nachweise sollen über zusätzliche Kontrollen von unabhängigen Zertifizierungsstellen erbracht werden, die idealerweise für das als Qualifying Standard akzeptierte Prüfsiegel akkreditiert sind.[270] Lebenszyklusanalysen (THG-Bilanzen) erfordern darüber hinaus ein zusätzliches Nachweisverfahren (siehe Kapitel 6.3.2).

Wie die Ausführungen zeigen, kann ein Metasystem auch nur in Teilschritten über einen gewissen Zeitraum eingeführt werden, wenngleich ein völlig neu konzipiertes Zertifizierungssystem nicht schneller operativ werden könnte. Für die nachweispflichtigen Unternehmen bedeutet das, dass ein umfangreicher Kriterienkatalog kurzfristig nicht vollständig nachgewiesen werden kann. Das RTFO setzt in Großbritannien für die Übergangszeit 2008-2011 einen steigenden Erfüllungsgrad der Umweltstandards nach dem Qualifying-Prinzip von 30 bis 80 Prozent fest.[271] Diese Einschränkung ist dadurch verursacht, dass derzeit nur eine geringe Menge zertifizierter Biorohstoffe am Markt verfügbar ist,[272] außerdem war auch die Nachfrage bisher sehr klein. Eine allgemeine Nachweispflicht von Biokraftstoffen und ihren Ausgangsrohstoffen zum Beispiel zur Anrechnung auf Förderquoten würde den Zertifizierungsmarkt völlig umkrempeln und ihn im hohen Maße stimulieren. Mittelfristig ist davon auszugehen, dass die existierenden Zertifizierungssysteme ihre Kriterien an gesetzliche Metastandards adaptieren könnten, wenn ein internationaler oder zumindest europäischer Standard eingeführt würde.

6.3.2 THG-Bilanzierung

Die THG-Bilanzierung von Biokraftstofflebenszyklen kann je nach Wahl der Messmethoden und Parameter zu sehr voneinander abweichenden Ergebnissen kommen (siehe Kapitel 5.1.4). Eine Zertifizierung dieses Kriteriums setzt deshalb zunächst eine Einigung auf eine Messmethode voraus. In den letzten

---

[270] Vgl. Dehue et al. (2007b), S. 37.
[271] Vgl. RFA (2008).
[272] Vgl. Dehue et al. (2007a), S. 7.

Jahren hat es dazu mehrfach internationale Beratungen insbesondere unter den Protagonisten in der EU zusammen mit Vertretern der IEA Bioenergy Task 38 gegeben, um die THG-Bilanzierung zu standardisieren.[273] Mittlerweile gibt es einen Konsens über wesentliche Eckpunkte:

- Direkte Landnutzungsänderungen werden in der Lebenszykluskette berücksichtigt.

- Indirekte Landnutzungsänderungen gehen nicht in die Berechnung mit ein, sind aber Bestandteil der Beurteilung auf der Makroebene.

- Bilanz bezieht sich auf den Energieinhalt in kg CO_2-Äquivalente pro GJ.

- Koppelprodukte werden allokativ und energetisch berücksichtigt (unterer Heizwert).

- Für Biokraftstoffe aus Reststoffen wird keine Vorkette berücksichtigt.

- Default-Werte werden für nicht nachgewiesene Werte verwendet.

Die heute existierenden Zertifizierungssysteme können zusammen bereits einen Großteil der gesetzten Nachhaltigkeitsstandards für Biokraftstoffe abdecken. Eine Ausnahme bildet hier aber ausgerechnet die zentrale THG-Bilanzierung, da sie bei der stofflichen Holz- und Agrarnutzung, bei der die Produkte nicht alternativ zu fossilen Stoffen verwendet werden, keine Rolle spielt. Somit kann für eine schnelle Implementierung nicht auf existierende Systeme nach dem Metastandard zurückgegriffen werden. Die Verwendung der so genannten Default- und Standardwerte, wie sie die aktuellen gesetzlichen Initiativen vorsehen (EU-Richtlinie, BioNachV) bietet einen Ausweg und ein Verfahren, das THG-Minderungspotenzial ohne nötigen Vorlauf schon unmittelbar zu erfassen.

Der Entwurf der EU-Richtlinie zur Förderung erneuerbarer Energien und der Entwurf der Biomasse-Nachhaltigkeitsverordnung geben die Rechenmethode vor, nach der die Treibhausgase ermittelt werden müssen, um sie zertifizieren zu können. Liegen für Teilbereiche der Lebenszykluskette keine Nachweise vor, so werden anstelle der tatsächlichen Werte vorgegebene Default-Werte in der Berechnung verwendet. Können überhaupt keine realen Werte ermittelt werden, sind Standardwerte für die gesamte Lebenszykluskette differenziert nach Biokraftstoff und Rohstoffmaterial heranzuziehen. Diese Standardwerte stellen

---

[273] Vgl. Cramer et al. (2007) S. 25 f.

sehr konservative Annahmen dar und orientieren sich an den eher ungünstigen Ergebnissen wissenschaftlicher THG-Berechnungen. Zudem beziehen sie kategorisch direkte Landnutzungsänderungen mit ein; zum Beispiel Konversion von savannenwaldartiger Vegetation für Zuckerrohr in Brasilien oder Konversion von Regenwald auf mineralischen Boden für Ölpalmen in Südostasien.[274] Nach diesen Standardwerten würde zum Beispiel Bioethanol aus Weizen überhaupt kein THG-Minderungspotenzial aufweisen und Biodiesel aus Palmöl oder Soja sowie Bioethanol aus Zuckerrohr negative THG-Bilanzergebnisse erzielen (siehe Tabelle 13).[275]

---

[274] Vgl. UBA (2008), S. 8 f.
[275] Vgl. Bundesregierung (2007).

Tabelle 13: Default-Werte der BioNachV zur THG-Bilanzierung (in kg CO_2-Äq./GJ)

	Bioethanol				Biodiesel			
	Weizen (Europa)	Zuckerrübe (Europa)	Mais (NA)	Zuckerrohr (SA)	Raps (Europa)	Soja (SA)	Soja (NA)	Palm (SOA)
Direkte Landnutzungsänderung (LUC)	26,2	15,6	19,8	158,8	32,8	289,6	54,5	112,8
Biomasseanbau	22,3	11,3	17,8	19,5	29,1	12,9	15,2	6,6
Biomassetransport	0,7	1,7	0,7	1,5	0,4	0,5	0,5	0,1
1. Konversionsprozess	-	6,6	-	0,8	7,6	7,3	9,2	6,9
Weitertransport	-	-	-	-	0,2	3,8	3,4	4,3
2. Konversionsprozess	34,3	48,9	25	1	7,6	7,7	7,7	7,7
Transport zum Endverbraucher	0,4	0,4	4,8	5,5	0,3	0,3	0,3	0,3
Gesamt (ohne LUC)	57,7	68,8	48,2	28,3	45,3	32,4	36,3	25,9
Gesamt (mit LUC)	83,9	84,4	68	187,1	78,1	322	90,7	138,7
THG-Minderung (mit LUC)	1,1	0,6	17	-102,1	8,1	-235,8	-4,5	-52,5
relative THG-Minderung (mit LUC)	*1,3%*	*0,7%*	*20%*	*-120%*	*9,4%*	*-274%*	*-5,2%*	*-61%*

Quelle: UBA (2008).

Dieser Ansatz bietet in mehrerer Hinsicht plausible Anreize. An die Industrie gerichtet ist er ein Signal, Prozessoptimierungen weiter voranzutreiben. Versorgungsunternehmen, die die Nachweise erbringen müssen, sind gefordert, die Vorkette ihrer Produkte genauer zu kennen und Daten und Informationen bei ihren Handelspartnern einzuholen, um Praxiswerte anstelle der Defaultwerte anzuwenden. Zusätzlich werden bestimmte Produktketten begünstigt. Biokraftstoffe aus Reststoffen müssen keine Vorketten berücksichtigen, damit entfällt nicht nur der bürokratische Aufwand für die Datenerhebung, auch eine zusätzliche Zertifizierung zur Erreichung der vorgegebenen Minderungspotenziale wäre nicht zwingend geboten. Die Einbeziehung der direkten Landnutzungsänderung kann die THG-Bilanz auch positiv beeinflussen, wenn degradierte Flächen kultiviert werden und die Restauration der Flächen zu einem Anstieg der Kohlenstoffspeicherung in Vegetation und Boden führt. Die EU-Richtlinie sieht dafür speziell einen Bonus vor.[276]

---

[276] Vgl. WBGU (2008), S. 250.

6.3.3 Kontrollketten

Die Gewährleistung, dass die vorgegebenen Standards entlang der gesamten Produktkette – zumindest aber an den wichtigsten Schnittstellen – auch tatsächlich eingehalten werden, ist für die Akzeptanz eines Gütesiegels in der Öffentlichkeit und bei den Marktteilnehmern und damit letztlich für eine erfolgreiche Marktpositionierung *der* zentrale Aspekt. Die drei gängigsten Systeme, die die existierenden Zertifizierungssysteme für eine Rückverfolgbarkeit anwenden, unterscheiden sich im Maß der Zuordnung, Überprüfbarkeit und Anwendbarkeit. Es ist naheliegend, dass international gehandelte Massengüter, wie Pflanzenöle oder auch das Endprodukt Biokraftstoff selbst, die mit dem Verkehrssektor einem weltweit riesigen Markt mit wachsender Nachfrage angeboten werden, nicht für jedes Zertifizierungssystem gleich gut geeignet sind. Im Folgenden werden die drei Systeme „Segregation", „Massenbilanz" und „Book and Claim" vorgestellt und auf ihre Eignung für eine Anwendung auf Biokraftstoffe hin untersucht.

6.3.3.1 Segregation

In einem Segregation-System müssen zertifizierte Produkte von nicht zertifizierten Produkten entlang der gesamten Produktkette vollständig getrennt werden. Das heißt zum Beispiel, zertifiziertes Palmöl muss separat angebaut, transportiert und verarbeitet werden. Eine Mischung mit nicht zertifizierten Palmöl ist ausgeschlossen. Bei diesem Ansatz müssen alle beteiligten Unternehmen der Produktkette zertifiziert sein und sind Teil des Systems. Innerhalb dieses Ansatzes unterscheidet man noch, wie genau das Produkt zurückverfolgbar ist. „Track and Trace" bezeichnet eine strenge Rückverfolgbarkeit. Je nach Label wird die Produktkette unterschiedlich weit zurückverfolgt - bis zu einem Land oder einer Region, in der Regel aber nicht bis zu einer Farm oder Plantage. Das „Bulk-Commodity"-System ist ein Ansatz, der sich für Massengüter eignet und deshalb auf eine präzise Rückverfolgung verzichtet. Im Vordergrund steht allein die physikalische Trennung entlang der ganzen Strecke.[277]
Solche Zertifizierungssysteme finden heute hauptsächlich in Nischenmärkten von fair gehandelten oder ökologischen Produkten Anwendung. Das FSC-Siegel für zertifiziertes Holz ist eines der bekanntesten Beispiele (siehe Tabelle 14). Zudem wird gentechnikfreies Soja, für das eine physikalische Trennung notwendig ist, auf diese Weise ausgezeichnet.[278]

---

[277] Vgl. Dehue et al. (2007a), S. 52.
[278] Vgl. Dehue et al. (2007a), S. 53.

Eine Zertifizierung nach dem Segregation-Prinzip bietet ein hohes Maß an Transparenz und Glaubwürdigkeit, weswegen es von vielen Stakeholdern auch bevorzugt wird. Dem folgend, ist das Missbrauchsrisiko relativ gering, weil die Produktkette nicht nur bekannt ist, sondern jeder beteiligte Betrieb regelmäßigen Überprüfungen unterliegt, generell also entlang der Produktkette viele Kontrollen stattfinden.[279] Auf der anderen Seite werden die Handelspartner in ihrer Praxis stark eingeschränkt. Die physikalische Trennung erfordert unter Umständen zusätzliche Investitionen in die Infrastruktur und den Aufbau neuer Vertriebsnetze. Für große Handelsmengen wäre dies noch darstellbar, für kleine dagegen würden diese Kosten zu sehr zu Buche schlagen. Zu berücksichtigen ist auch, dass ein solcher Aufbau neuer Infrastruktur- und Vertriebsnetze und die Umstellung auf zertifizierte Herstellung und Verarbeitung sehr viel Zeit in Anspruch nehmen würde, eine nachhaltige Nutzung folglich nur langfristig umsetzbar wäre.[280]

Nachteilig könnte sich dieses Modell auch für Kleinbauern auswirken. In Südamerika und Asien beziehen die Öl- bzw. Zuckermühlen ein Drittel der Rohstoffe von Kleinbauern. Für sie ist es oft nicht einfach Nachhaltigkeitsnachweise zu erbringen oder auch zu erfüllen. Darum würde sich eine Mühle dann von ihren Kleinbauern trennen und andere Zulieferer suchen. Eine gut gemeinte Zertifizierung nach nachhaltigen Kriterien würde dann zu Existenzverlusten und neuer Armut in Schwellenländern führen.[281]

6.3.3.2 Massenbilanz

Das „Mass-Balance"-System integriert Aspekte des Segregation-Verfahrens, versucht aber Hemmnisse, wie die eingeschränkte Handelspraxis zu reduzieren. Entscheidender Unterschied ist die Möglichkeit, zertifizierte und nicht zertifizierte Produkte zu vermengen (keine physikalische Trennung mehr). Das System basiert darauf, dass an jeder Schnittstelle, die gleiche Menge zertifizierter Produkte ein- wie ausgeht (Massenbilanz). Erworbene Zertifikate und Waren sind auch hier miteinander verbunden, können aber unterschiedlich präzise miteinander verknüpft werden (z.B. über die Frachtdokumente oder nur über die Warenrechnung ohne Verweis auf die spezifische Ladung).[282] Da alle teilneh-

---

[279] Vgl. Cramer et al. (2007), S. 29.
[280] Vgl. Dehue et al. (2007a), S. 53.
[281] Vgl. Feige (2008).
[282] Vgl. Dehue et al. (2007a), S. 56 ff.

menden Unternehmen der Produktkette zertifiziert sein müssen, ist eine Rückverfolgbarkeit noch bedingt möglich.[283]

Das Massenbilanz-System wird gegenwärtig von den meisten gesetzlichen Initiativen favorisiert bzw. verlangt (BioNachV, EU-Richtlinie, RTFO). Angewendet wird es heute bereits in der Papier- und Holzindustrie. Im Energiebereich folgt die Zertifizierung des Green Gold Label der Massenbilanzierung.[284]

---

[283] Vgl. Cramer et al. (2007), S. 28.
[284] Vgl. BTG (2008), S. 51.

Tabelle 14: Kontrollketten von Zertifizierungssystemen

	Segregation	Massenbilanz	Book and Claim
Forest Stewardship Council (FSC)	X	X	
Sustainable Agriculture Network/ Rainforest Alliance (SN/RA)	X		
International Federation of Organic Agriculture Movements (IFOAM)	X		
International Sustainability and Carbon Certification (ISCC)	(X)	(X)	(X)
Roundtable on Sustainable Palmoil (RSPO)	X	X	X
Renewable Energy Certification System (RECS)			X
Green Gold Label (GGL)		X	
Social Accountability 8000 (SA 8000)	-	-	-
Europ-Retailer-Produce-Working Group – Good Agriculture Practice (EurepGAP)	-	-	-
Round Table on Responsible Soy (RTRS)	(-)	(-)	(-)
EU-Richtlinienentwurf		(X)	(X)*
Biomasse-Nachhaltigkeitsverordnung (BioNachV)		(X)	

(..): System in Planung, *Anwendung soll nach Inkrafttreten geprüft werden.
Quellen: Dehue et al. (2007), BTG (2008), BioNachV (2007), WBGU (2008), eigene Recherchen.

Der große Vorteil des Massenbilanz-Systems liegt darin, dass bestehende Infrastrukturen und Vertriebsnetze genutzt werden können und zusätzliche Kosten nur im administrativen Bereich und für die Zertifizierung selbst entstehen. Die Glaubwürdigkeit und die Überprüfbarkeit sind noch relativ hoch durch die gegebene Kopplung der Zertifikate an die Ware und die Zertifizierung aller Teilnehmer. Dies stellt aber auch gleichzeitig ein Hemmnis dar. Das Versorgungsunternehmen als Endglied der Produktkette muss alle beteiligten Unternehmen zur Zertifizierung verpflichten.[285] Für Kleinbauern könnte dies, wie bereits erwähnt, problematisch werden und mit Kosten verbunden sein, die nicht unbedingt zusätzliche Einnahmen erwarten lassen können. Denn zertifizierte Biokraftstoffe werden nicht als höherwertiges Produkt (im Vergleich zu nicht zertifizierten) am Markt angeboten werden, für das der Endkunde bereit wäre mehr zu bezahlen.

6.3.3.3 Book-and-Claim

Bei diesem System wird die Trennung von zertifizierten und nicht zertifizierten Produkten vollständig aufgehoben. Ware und Zertifikate werden unabhängig voneinander gehandelt. Der Erzeuger kann Zertifikate an seinen Warenabnehmer (Zucker- oder Ölmühle) verkaufen oder aber direkt an das Versorgungsunternehmen am Ende der Produktkette. Eine internationale Registrierungsstelle stellt sicher, dass Zertifikate nicht mehrfach auf Waren angerechnet werden. In der Produktkette muss nur noch der primäre Erzeuger zertifiziert sein. Weitere Effekte in der Produktkette können anhand der Default-Werte oder nachgewiesener besserer Daten angegeben werden. Der Kraftstoffversorger weist die nachhaltige Erzeugung so nach, dass er entsprechend der verkauften Menge Zertifikate erwirbt. Eine Rückverfolgbarkeit im Einzelfall ist damit nicht mehr gegeben, wohl aber der Nachweis, dass ein nachhaltiger Anbau stattgefunden hat.

Naheliegenderweise wird dieses Prinzip heute in der Energiewirtschaft angewendet (z.B. RECS-Label). „Grüner" Strom wird genauso wie Strom aus konventionellen Kraftwerken in ein gemeinsames Netz eingespeist, eine physikalische Trennung ist hier gar nicht möglich und deshalb für eine Zertifizierung nicht sinnvoll. Im Biokraftstoffbereich favorisiert das ISCC-Konzept den Book-and-Claim Ansatz. Das Zertifizierungssystem des RSPO sieht ihn ebenfalls vor, hier sind aber auch die anderen beiden Systemansätze möglich. Ein vergleichbares Verfahren wird auch bereits bei der Zahlung von EU-Beihilfen in der Landwirtschaft eingesetzt. Beihilfen für den Energiepflanzenanbau werden nur dann gezahlt, wenn der Landwirt einen Anbau- und Abnahmevertrag mit einem Erstverarbeiter (z.B. Ölmühle) abschließt. Um unverhältnismäßig große

---

[285] Vgl. Dehue et al. (2007a), S. 58.

Transportwege und -kosten zu vermeiden, kann die produzierte Menge auch mit in der Nähe der Ölmühle produzierte Mengen getauscht werden.[286]

Das Book-and-Claim-Prinzip setzt die Barrieren eines Zertifizierungssystems für Handelsunternehmen im Vergleich zu Mass-Balance weiter herab. Ohne dass eine Änderung der Infrastruktur und der Vertriebswege notwendig ist, kann eine zertifizierte nachhaltige Erzeugung aufgebaut werden, und dies mit geringem Kosteneinsatz bei gleichzeitig großem Nutzen. Insbesondere die Erzeuger profitieren von diesem Ansatz. Die Trennung von Waren- und Zertifikatshandel bietet den Erzeugern direkte Anreize auf eine nachhaltige Produktion umzustellen, weil sie mit der zusätzlichen Vergütung der Zertifikate direkt belohnt werden. Dort, wo kleinbäuerliche Strukturen eine schnelle Zertifizierung der Produktion noch nicht zulassen, würde dieses System anders wie Segregation oder Massenbilanzierung keine Existenzgefährdung darstellen. Die Einführung eines Book-and-Claim-Systems kann sehr schnell erfolgen.

Problematisch und damit Zeit und Kosten beanspruchend könnte allerdings die Einsetzung einer internationalen Registrierungsstelle sein.[287] Die Gefahr einer Mehrfachanrechnung von Zertifikaten ist bei der Trennung von der Ware höher und muss daher sehr zuverlässig ausgeschlossen werden können. Die geringere Häufigkeit an Überprüfungen der Produktkette, geschuldet der Tatsache, dass nur der Erzeugerbetrieb zertifiziert sein muss, kann im Verhältnis zu den anderen Systemen das Missbrauchsrisiko zusätzlich erhöhen.[288] Dies führt den auch dazu, dass Book-and-Claim weit weniger Glaubwürdigkeit genießt. Es kann, vergleichbar mit Angeboten von Ökostromanbietern, nur die Garantie gegeben werden, dass entsprechend der abgenommenen Menge Biokraftstoff oder Biorohstoff eine äquivalente Menge nachhaltig erzeugt wurde. Nachteilig kann sich auch auswirken, dass bis auf das RSPO-Siegel kein existierender Standard in der Holz- und Agrarwirtschaft nach dem Book-and-Claim-Prinzip arbeitet, folglich die Integration dieser Systeme in einen Metastandard problematisch werden könnte.

6.4 Chancen und Grenzen

Die Erfahrungen mit bestehenden Gütesiegeln zeigen, dass Zertifizierungen in den betreffenden Regionen durchaus dazu beitragen können, Produktionsprozesse zu verbessern und Umwelt- und Sozialstandards zu erhöhen. Eingeführte

---

[286] Vgl. Dehue et al. (2007b), S. 58.
[287] Vgl. Dehue et al. (2007a), S. 56.
[288] Vgl. Cramer et al. (2007), S. 29.

Standards im Agrarsektor haben nachweislich dazu geführt, gerade auch kleinbäuerliche Landwirtschaften fachlich zu qualifizieren, unsachgemäße Pestizideinsätze zu reduzieren und Überschüsse zu produzieren. Mehr Transparenz und Glaubwürdigkeit, erreicht durch eingeführte Zertifizierungen, schaffen zudem günstigere wirtschaftliche Bedingungen und ziehen mehr Investitionen nach sich.[289] Richtig ist aber auch, dass der positive Einfluss von Zertifizierungssystemen in der Breite nur bei intensiver Marktdurchdringung zum Tragen kommt. Tatsächlich decken jedoch die zertifizierten Produkte, bedingt durch die Freiwilligkeit der Systeme, nur ein sehr geringes Marktsegment ab. Von der globalen Waldfläche sind beispielsweise nur 183 Mio. ha oder 3,5%[290] zertifiziert und werden nachhaltig bewirtschaftet. Hinzu kommt, dass etwa 90%[291] des zertifizierten Holzes aus OECD-Ländern stammt, aus den Entwicklungsländern, wo generell die ökologischen Auswirkungen weitaus folgenschwerer sind und soziale Verwerfungen dramatischere Ausmaße annehmen, nur ein kleiner Anteil stammt. In den letzten Jahren haben Zertifizierungen dort zugenommen, wo sichere staatliche Strukturen existieren, nicht aber dort, wo die ökologische Bedrohung am größten ist und sie dringend erforderlich wären. Brasilien ist unter den Staaten in tropischen Regionen das Land mit der größten nach FSC-Standard ausgezeichneten Waldfläche (2006: 3,53 Mio. ha), die seit 1993 stark zugenommen hat. An der fortschreitenden Regenwaldzerstörung konnte dies aber nichts ändern.[292]

Zertifizierungssysteme lassen sich in entwickelten Ländern mit klaren rechtstaatlichen Strukturen zügig und erfolgreich einführen und eignen sich besonders gut als Umsetzungsinstrument nationaler Gesetzgebung (z.B. Auflagen, Förderquoten). Globale Probleme lösen sie bislang noch nicht. Vor diesem Dilemma wird auch eine Zertifizierung von Biokraftstoffpfaden stehen. Die ökologischen Probleme herrschen in Weltregionen vor, wo eine Implementierung und funktionierende Anwendung von Prüf- und Kontrollmechanismen weitaus schwieriger ist. Zwar führt eine gesetzlich obligatorische Zertifizierung für Biokraftstoffe, wie sie in der EU geplant ist, zu weitaus höheren Marktanteilen zertifizierter Produkte wie bei einem freiwilligen System. Dennoch würden weiter Ausgleichsmärkte in anderen Regionen für nicht zertifizierte Produkte bestehen bleiben (USA, China, Inlandsmärkte in Malaysia, Indonesien).[293] Eine nur europäische Nachweispflicht würde voraussichtlich kaum Einfluss auf die

---

[289] Vgl. ECCM (2006), S. 19.
[290] Vgl. ECCM (2006), S. 19.
[291] Vgl. Doornbosch & Steenblik (2007), S. 41 f.
[292] Vgl. ECCM (2006), S. 20.
[293] Vgl. Pastowski et al. (2007), S. 175.

fortschreitende Primärwaldzerstörung in Indonesien durch die expandierende Palmölwirtschaft haben.

Andererseits muss deutlich gemacht werden, dass die Debatte um nachhaltige Produktionswege und eine zukünftige Zertifizierung sehr wohl nachhaltiges Wirtschaften weltweit real steigert. Involvierte Unternehmen werden angehalten, Produktionswege und –prozesse transparenter und damit kontrollierbarer zu machen und Umweltauswirkungen genauer zu erfassen. Die Diskussion um nachhaltige Biokraftstoffe hat das Thema Nachhaltigkeit im globalen Agrarsektor überhaupt erst angestoßen, das bisher trotz der vorherrschenden Probleme nicht präsent war. Eine Zertifizierung von Biokraftstoffen könnte also ein erster Schritt für eine allgemeine Biomasse-Zertifizierung unabhängig von ihrer Nutzung sein, die letztlich für die Lösung besonders der ökologischen Probleme dringend erforderlich ist, aber nur ein langfristiges Ziel sein kann.

Die Zertifizierung von Biokraftstoffen befindet sich erst in den Anfängen und erfordert noch einen langen Vorlauf. Für einige Anbaupflanzen (Jatropha, Zuckerrohr) existieren noch keine Zertifizierungssysteme, bestehende Systeme der Forst- und Landwirtschaft müssen wiederum auf die Energiepflanzennutzung hin adaptiert werden. Erfahrungswerte darüber, wie und ob ein globales Zertifizierungssystem funktioniert und tatsächlich zu mehr wirtschaftlichem Wohlstand und sozialem Wohlergehen bei gleichzeitigem Schutz der Umwelt führen kann, gibt es bis dato nicht. Eine internationale oder auch nur eine supranationale (EU) Regelung würde in jedem Fall sehr große Massenströme erfassen, das bedeutet, ein Zertifizierungssystem müsste zu Gunsten guter praktischer Anwendung Kompromisse bei den Anforderungen machen.[294]

Vergleichbares ist auch im Hinblick auf die Einbeziehung von Kleinbauern zu konstatieren. Die Umstellung auf und der Nachweis von nachhaltiger Produktion kann für sie zu einer großen Hürde werden. Die Erfüllung von Nachhaltigkeitskriterien erfordert in der Produktion je nach Literaturangabe 8-65% zusätzliche Kosten, teilweise werden aber auch leichte Kostenersparnisse attestiert. Wobei der Zertifizierungsprozess der Produktkette mit 0,1-1,2% weitaus weniger zusätzliche Kosten verursacht. So besteht das Risiko, dass kurzfristig nur große Anbieter die Kriterien erfüllen können, daraus resultierend nur wenige Marktteilnehmer zertifizierte Biokraftstoffe anbieten würden und dies die Preise antreibt.[295] Gruppenzertifizierungen, wie sie bereits in der Anwendung sind,

---

[294] Vgl. UBA (2008), S. 120.
[295] Vgl. Dam et al. (2006), S. 29.

könnten eine Alternative für Kleinbauern sein. Grenzen findet ein Zertifizierungssystem dort, wo es um Auswirkungen auf der Makroebene geht; Zertifizierungen setzen auf betriebswirtschaftlicher Ebene an. Darüber hinaus gehende Probleme können weder erfasst noch gelöst werden. Hier sind, insbesondere wenn es um Aufgaben wie Ernährungssicherheit geht, zwischenstaatliche Kooperationen gefragt.

7 Biokraftstoffnutzung: Bewertung und Beurteilung

Die Nutzung von Biokraftstoffen wird nicht mehr ungeteilt von allen gesellschaftlichen Gruppen und Akteuren befürwortet, was nicht immer so war. Bundesumweltminister Sigmar Gabriel sprach im April 2008 von einer noch vor kurzer Zeit kaum zu überbietenden Euphorie, die zwischenzeitlich in eine völlige Verteufelung umgeschlagen ist.[296] 2006 sah die ehemalige Bundesverbraucherschutzministerin Renate Künast die Landwirte schon als „Ölscheichs von morgen." Mit dieser Meinung war sie viele Jahre nicht alleine. Der Solarverein EUROSOLAR propagierte schon seit den 1990er Jahren unter diesem Motto die Nutzung von Bioenergie und Biokraftstoffen im Besonderen.

Biokraftstoffe sind mit wenigen Ausnahmen (Zuckerrohr-Ethanol und Soja-Biodiesel in Brasilien sowie mit Einschränkung Palmöl-Biodiesel in Südostasien) bisher nicht wettbewerbsfähig gegenüber fossilen Kraftstoffen (siehe Anhang 1). Eine Fortsetzung der bestehenden staatlichen Förderungen in den einzelnen Ländern hätte daher nur dann eine weitere Berechtigung, wenn Biokraftstoffe eine nachweisbar umwelt- und klimafreundliche Alternative zu Benzin und Diesel darstellen, gleichzeitig keine negativen sozialen Auswirkungen zu befürchten sind und darüber hinaus sie signifikant zur Versorgungssicherheit beitragen können, um eine Abhängigkeit vom Erdöl zu reduzieren (siehe Kapitel 2.3).

Für die gegenwärtige Produktion kann festgehalten werden, dass der globale Biokraftstoffmarkt mit 20 Mio. ha Anbaufläche[297] oder 1,3% des weltweiten Acker- und Dauerkulturlandes bestenfalls sehr gering auf die Zerstörung von Naturwäldern und die einhergehende Bedrohung der Biodiversität Einfluss nimmt. Dies kann auch für die dramatischen Entwicklungen in Südostasien attestiert werden, wo in großem Umfang Primärwälder für Ölpalmenplantagen gerodet werden. Der Anteil Palmöls in der europäischen Biodieselproduktion beträgt 5,5% (2005/2006).[298] Palmöl wird auch in der EU zum überwiegenden Teil für Lebensmittelzwecke (78% der Importe in 2005/2006) verwendet. Die Erzeugerländer Malaysia und Indonesien verwenden allerdings ausschließlich heimisches Palmöl für die Biodieselproduktion und verfolgen damit das politische Ziel, mit eigenen Biorohstoffen sich vom Erdöl unabhängiger zu machen. Die Bedeutung von Palmöl als Biodieselrohstoff und Zuckerrohr als Ethanolrohstoff sowie von sonstigen Biorohstoffen für die energetische Nutzung wird

---

[296] Vgl. BMU (2008a).
[297] Vgl. WBGU (2008), S. 61.
[298] Vgl. Pastowski et al. (2007), S. 52.

angesichts der steigenden Nachfrage (siehe Kapitel 3.2.3) weiter zunehmen und damit auch der Einfluss auf mögliche ökologische Folgen. Dennoch wird in der aktuellen Diskussion um Biokraftstoffe eine Stellvertreterdiskussion geführt. Weit mehr als 80% der weltweit angebauten Biomasse geht in die Futtermittelerzeugung.[299] Hierbei geht es vor allem um den Sojaanbau, wobei Europa der größte Importeur ist. Die heute stattfindenden Brandrodungen und Holzeinschläge kommen immer noch zum weit überwiegenden Teil aus der Nahrungsmittelerzeugung und hier insbesondere aus dem Sojaanbau.[300] Diese Zerstörung wird derzeit weitgehend stillschweigend hingenommen, wohl auch deshalb, weil sie seit Jahrzehnten stattfindet, ohne dass die Weltgemeinschaft das Problem bisher in den Griff bekommen hat.

Die Eindämmung der weltweiten Rodungen ist unter dem Aspekt des Ökosystem- und Biodiversitätsverlustes als auch aus Gründen des Klimaschutzes eine der dringendsten Aufgaben. 20% der globalen Treibhausgasemissionen gehen auf die Zerstörung von Urwäldern zurück. Dies führt zu der paradoxen Situation, dass Indonesien nach China und den USA zum drittgrößten THG-Produzenten der Erde aufgestiegen ist.[301] Biokraftstoffe können unter bestimmten Voraussetzungen zur Senkung von THG-Emissionen beitragen, wobei die heute hauptsächlich genutzten Kraftstoffe Bioethanol und Biodiesel (mit Ausnahme von Zuckerrohr-Ethanol) die niedrigsten THG-Verminderungspotenziale aufweisen (siehe Kapitel 5.1.4.1). Werden jedoch für den Biorohstoffanbau Naturflächen in Anbauland umgewidmet, führt dies fast ausschließlich, unabhängig von der Kraftstoffart, zu einer negativen Gesamtbilanz. Nutzungen von Wäldern und sonstigen Naturflächen aber genauso auch von Grünlandflächen als Acker- oder Dauerkulturenland sind daher kategorisch auszuschließen und müssen durch entsprechende Maßnahmen unbedingt vermieden werden, um eine nachhaltige Biokraftstoffnutzung zu gewährleisten.

Vor diesem Hintergrund müssen indirekte Landnutzungsänderungen ebenso vermieden werden. Die Nutzung von bestehenden Ackerflächen ist nur dann zu befürworten, wenn die Flächen nicht für die Nahrungsmittelproduktion benötigt werden. Diese Option ist prinzipiell nur in den Industrieländern gegeben, wo schon heute Überschüsse produziert werden und Produktivitätssteigerungen bei sinkenden Bevölkerungszahlen zusätzliche Flächenpotenziale für den Energiepflanzenanbau eröffnen. Mit Blick auf die EU wird die heimische Bio-

---

[299] Vgl. BMU (2008d).
[300] Vgl. BMU (2008d).
[301] Vgl. Steffens (2008).

masseproduktion trotz höherer Kosten und nur moderater Anbaubedingungen im Vergleich zu tropischen Regionen in Anbetracht der Flächenverfügbarkeit weiter ein wichtiges Standbein bleiben müssen, will man den Druck auf die noch verbliebenen Naturwälder nicht weiter erhöhen.

In den Entwicklungs- und Schwellenländern kann dies durch Kultivierung von marginalen und anderweitigen freien Flächen (siehe Kapitel 5.1.1.2) erreicht werden. Dieses Potenzial übersteigt auch bei vorsichtiger Schätzung die heutige globale Anbaufläche für Biokraftstoffe um ein Vielfaches. Dieses Potenzial ist in jedem Fall zu nutzen, da es nicht nur in keiner Konkurrenz zum Nahrungsmittelanbau steht sondern auch die Kohlenstoffspeicherung in Vegetation und Boden erhöht, also sogar zu einer THG-Senke werden kann. Diese Flächen müssen nicht per se unprofitabel sein. Rodungsbrachen, die nur kurz bewirtschaftet wurden (Beispiel Indonesien) oder aus politischen Gründen brach liegende Ackerflächen (Beispiel ehemalige Sowjetunion) können weiterhin hohe Erträge erwarten lassen. Marginale Flächen könnten durch den Anbau anspruchsarmer Arten, wie Jatropha oder Chinaschilf oder allein durch Graslandnutzung immer noch wirtschaftlich genutzt werden. Richtig aber ist auch, dass auf guten Böden immer die besseren Erträge geerntet werden. Sollen Marginalflächen für den Energiepflanzenanbau erschlossen werden, müssen dafür günstige Rahmenbedingungen geschaffen werden – etwa zusätzliche Fördermaßnahmen, Boni für Förderquotenanrechnungen und bilaterale Kooperationen mit Know-How-Transfer.

Nährstoffärmere Böden wird die Wahl der Anbausorten einschränken, was im Umkehrschluss bedeutet, dass ein Biokraftstoffpfad gewählt werden muss, der kein eingeschränktes Rohstoffpotenzial hat. Damit stehen marginale Flächen hauptsächlich nur Biokraftstoffen der zweiten Generation, wie Biogas, Lignozellulose-Ethanol oder BtL-Kraftstoff, zur Verfügung, die Energiepflanzen, Gras oder Holz nutzen können. Eine Ausnahme bildet hier Jatropha für die Biodieselproduktion.

Generell erfordert die Produktion von Bioethanol und Biodiesel der ersten Generation einen intensiven landwirtschaftlichen Anbau, der sich auf eine oder wenige Anbauarten konzentriert. Unter Nachhaltigkeitsaspekten ist eine intensive Bewirtschaftung jedoch kritisch zu sehen. Pestizid- und Düngebelastungen sind zum Beispiel bei Mais, Raps oder Weizen besonders hoch, zusätzlich verengt eine steigende Konzentration auf wenige Arten die Fruchtfolge, was den Schädlingsdruck weiter erhöht und die Böden einseitig beansprucht. Wie in Kapitel 5.1.2 und 5.1.3 gezeigt, wirken sich mehrjährige Kulturen, wie Kurzumtrieb und andere Plantagen sowie Energiegräser als auch Graslandnutzung positiv auf den Boden- und Wasserhaushalt aus und begünstigen eine größere Biodiversität im Vergleich zu einjährigen Monokulturen. Dieser Aspekt spricht für die Nutzung von Biokraftstoffen der zweiten Generation und gegen die Nutzung heutiger Biokraftstoffe.

Neben Anbaubiomasse stellen Reststoffe ein großes Potenzial dar, das bisher nur sehr begrenzt genutzt wird. Die großen Substitutionspotenziale der Biokraftstoffe der zweiten Generation (Kapitel 4.1.3 und 4.2) kommen auch daher, weil sie die große Bandbreite an biogenen Rest- und Abfallstoffen als Rohstoff nutzen können. Reststoffnutzung wäre kein Nischenmarkt. Werden Reststoffe wie Waldrestholz oder Stroh unter Beachtung des Nährstoffkreislaufes und anderer stofflicher Nutzungspfade nachhaltig genutzt, stellen sie die günstigsten Biokraftstoffpfade dar. Sie weisen die besten Klimabilanzen (siehe Kapitel 5.1.4) auf. Emissionen und sonstige Umwelteinflüsse des Anbaus, der ein entscheidender Belastungsaspekt ist, entfallen und Konkurrenzen zur Nahrungsmittelversorgung existieren nicht.

Um die größten negativen ökologischen Folgen – die Zerstörung von Naturwaldflächen und deren Biodiversität – bei der Biokraftstoffnutzung zu vermeiden, wäre ein genereller Verzicht etwa von Palmöl oder Sojaöl zur energetischen Nutzung durchaus populär aber nicht zielführend. Die Zerstörung der Regenwälder würde ein solcher Verzicht angesichts der hohen Importe für Nahrungszwecke und der energetischen Nutzung in den Erzeugerländern nicht aufhalten. Ebenso würde es den illegalen Holzeinschlag – ein Hauptproblem der weltweiten Rodungen, der in Indonesien zum Beispiel 70-80% ausmacht[302] – beenden. Ein Palmölverbot wäre ebenso falsch wie die griffige Formel „Regenwald für Biodiesel." Vielmehr hat die energetische Nutzung erst dazu geführt, über Zertifizierungen, die den gesamten Biomassemarkt erfassen, nachzudenken und anzustreben. Es bestünde die Chance, mit Zertifizierungen Einfluss auf die Produktion in den Erzeugerländern zu nehmen, zu Beginn erst auf dem Energiemarkt, langfristig für die Biomasseproduktionen in der Welt allgemein. Das politische Ziel, nur sozial und ökologisch nachhaltig produzierte Biomasse für die Biokraftstoffnutzung zu verwenden, kann die Anbau- und Herstellungspfade generell positiv beeinflussen und eine nachhaltige Biomasseproduktion flächendeckend initiieren. Ohne Impulse und Unterstützung von den Industriestaaten werden die Entwicklungs- und Schwellenländer aber nicht in der Lage sein, das globale Problem der Naturwaldzerstörung zu lösen. Zumal

---

[302] Vgl. WBGU (2008), S. 82.

ein Zielkonflikt zwischen Natur- und Klimaschutz und wirtschaftlicher Entwicklung besteht. Der Holzverkauf und der Plantagenbau bieten diesen Staaten wirtschaftliches Wachstum auf Flächen, die als Naturwald zuvor nur „unproduktiv" waren.

Mit Blick auf die entscheidende Frage der Ernährungssicherheit konnte diese Untersuchung zeigen, dass die heutige Biokraftstoffnutzung nur einen geringen aber keinen signifikanten Einfluss auf die Nahrungsmittelversorgung hat. Der Anstieg der Nahrungsmittelpreise zwischen 2006 und 2008 kann bestenfalls nur zu einem Teil dem Bioenergieboom zugeschrieben werden. Wie groß dieser Anteil ist, ist schwer abzuschätzen und in den Angaben der Experten uneinheitlich (siehe Tabelle 8). Weitaus größer ist der Einfluss des Rohölpreises. Der Preisanstieg der Nahrungsmittel hat zweifellos in den ärmsten Ländern, dort, wo schlechte landwirtschaftliche Anbau- und Versorgungsstrukturen existieren und die Mehrheit der Bevölkerung Netto-Konsumenten und die Volkswirtschaften Netto-Importeure sind, kurzfristig zu mehr Armut und Hunger geführt. Die Lösung liegt aber nicht im Umkehrschluss in dauerhaft niedrigen Preisen. Die Ursachen für Hunger und Armut sind vielfältig (Kapitel 5.2.1) und meist auf politische und wirtschaftliche Gründe zurückzuführen.

Für die sozioökonomischen Aspekte gilt ebenso wie für die ökologischen, dass ein Stopp der energetischen Nutzung nicht diese globalen Probleme lösen würde. Vielmehr muss die Biokraftstoffnutzung so ausgestaltet werden, dass die Landwirtschaft in den Schwellen- und Entwicklungsländer wirtschaftlich davon profitieren kann und durch entsprechendes Monitoring auf der Makroebene konkurrierende Nutzung möglichst frühzeitig erkannt wird. China und andere Schwellenländer zeigen, wie durch wirtschaftlichen Aufschwung, Armut und Hunger im eigenen Land verringert werden kann. Grundsätzlich spielt bei einem niedrigen Wohlstandsniveau der landwirtschaftliche Sektor eine gewichtige Rolle für die wirtschaftliche Entwicklung. Biokraftstoffe als zusätzlicher Absatzmarkt könnten die Landwirtschaft stärken und positive Impulse setzen sowie Wachstum initiieren. Die Untersuchungen zeigen aber auch, dass die Gefahr für die ärmsten Länder der Welt sehr groß ist, nicht von einem Bioenergieboom profitieren zu können und sogar negative Auswirkungen zu erwarten hätten. Es zeigt sich, ohne Unterstützung der Industrieländer (Investitionen, Know-How, Finanzmittel) wird in diesen Ländern keine Teilhabe an den positiven Effekten möglich sein.

In wie weit die Biokraftstoffnutzung nicht nur positiv auf die Volkswirtschaften der Länder einwirkt sondern auch die individuelle wirtschaftliche Situation der

Menschen verbessert, steht in unmittelbarem Zusammenhang mit der Frage, ob kleinbäuerliche Betriebe eingebunden und kleinräumige landwirtschaftliche Strukturen weiter ausgebaut werden können. Die Gefahr ist groß, dass finanzstarke Unternehmen den Markt beherrschen und Kleinbauern verdrängen. Auch hier wird der Markt nicht ohne staatliche Lenkung auskommen können.

Die Potenzialberechnung in Kapitel 4 zeigt, dass Biokraftstoffe auch unter nachhaltigen Bedingungen in nennenswertem Umfang aus EU-eigenen Rohstoffen erzeugt werden können. Dennoch kann bestenfalls ein Teil des fossilen Kraftstoffverbrauchs mit Biokraftstoffen ersetzt werden. Besonders die heute am Markt verfügbaren Kraftstoffe Bioethanol und Biodiesel weisen nur sehr niedrige Potenziale auf. Unter einer realistischen Annahme kann Biodiesel in der EU 25 kaum mehr als 5% und Bioethanol nur etwa 8% des Kraftstoffbedarfs abdecken.[303] Biogas, Lignozellulose-Ethanol und BtL-Kraftstoffe liegen mit zirka 17%, 16% und 21% immerhin deutlich darüber.

In Deutschland sind die Potenziale jeweils etwas niedriger. Für diese zukünftigen Kraftstoffe werden allerdings voraussichtlich erst Mitte des nächsten Jahrzehnts die ersten großtechnischen Raffinerien in Betrieb gehen. Ein bedeutender Anteil dieser Kraftstoffe vor 2020 ist daher unwahrscheinlich. Biogas könnte als Kraftstoff aufgrund der kleineren Anlagen und damit niedrigeren Investitionskosten bereits etwas früher verfügbar sein. Hemmnis bleibt aber eine mangelhafte Endverbraucherstruktur (Bestand an Erdgasfahrzeugen, und Erdgastankstellen).

So wird bis 2020 eine steigende Biokraftstoffnachfrage voraussichtlich allein über Biodiesel und Bioethanol gedeckt werden müssen. In Europa werden die Potenziale jedoch nicht ausreichen, um allein mit heimischen Rohstoffen das ambitionierte EU-Ziel (10%) zu erreichen (siehe Abbildung 16).

---

[303] Bei Nutzung von 50% des in Kapitel 4 errechneten Potenzials.

Abbildung 16: realistisches Substitutionspotenzial in der EU 25 für 2020 (in %)

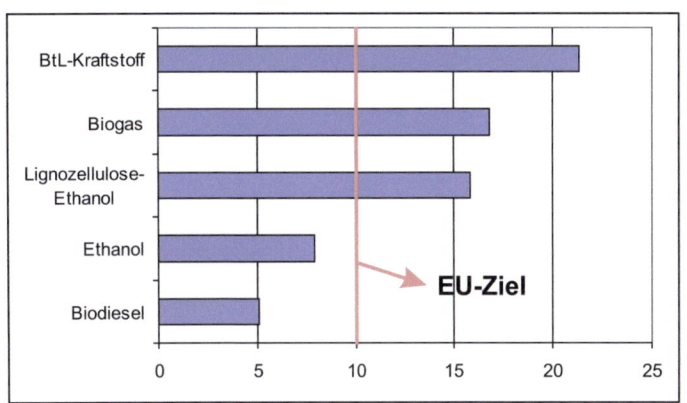

Anm.: Nutzung von 50% des in Kapitel 4 errechneten Potenzials. Für Biodiesel wird keine weitere Einschränkung gemacht, da das max. Potenzial bereits nur einen Teil des Flächenpotenzials nutzen kann. Werte nicht aufsummierbar.

Quelle: eigene Berechnungen.

In Deutschland fällt aufgrund der geringeren Flächenpotenziale und höheren Ziele (17% Kraftstoffanteil 2020) der Deckungsanteil aus heimischen Rohstoffen sogar noch kleiner aus (siehe Abbildung 17). Biokraftstoff-Importe werden bis 2020 unausweichlich sein. Nachdem die großen Erzeugerländer USA und China selbst eine Steigerung des Biokraftstoffanteils anstreben, werden Biokraftstoffe oder deren Rohstoffe vornehmlich aus Schwellenländern wie Brasilien und Indonesien oder Malaysia importiert werden. Diese Länder konzentrieren sich bereits heute darauf, mit ihren Exporten, die Märkte der Industrieländer zu erschließen (siehe Kapitel 3.1.1 und 3.1.3).

Da Bioethanol und Biodiesel faktisch nur aus Anbaubiomasse erzeugt werden und Reststoffe oder Graslanderträge nicht als Rohstoffe genutzt werden können, ist mit einer Zunahme der Anbaufläche zu rechnen. Wenn dies in gleicher Weise wie bisher erfolgt, wovon zunächst auszugehen ist, geschieht das in erster Linie auf Naturwaldflächen. Die gesetzlichen Nachhaltigkeitsbestimmungen der EU, die 2009 in Kraft treten werden, werden daran kaum etwas ändern können, so lange weiterhin globale Märkte für nicht zertifizierte Produkte (Energiemärkte, Lebensmittelmärkte) bestehen.

Die Wachstumsprognosen und die politischen Zielmargen sind weltweit sehr hoch. Bis 2020 soll sich in der EU die Biokraftstoffnutzung um den Faktor 4 steigern, in den USA etwa um den Faktor 5. Die Steigerungsraten in anderen Weltregionen sind ähnlich hoch, verlässliche ökologische und sozioökonomische Leitplanken, die diesem Wachstum gerecht werden können, fehlen aber bislang.

Abbildung 17: realistisches Substitutionspotenzial in Deutschland für 2020 (in %)

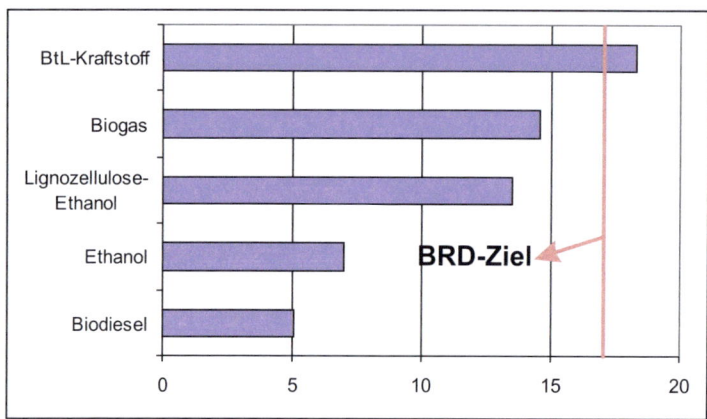

Anm.: Nutzung von 50% des in Kapitel 4 errechneten Potenzials. Für Biodiesel wird keine weitere Einschränkung gemacht, da das max. Potenzial bereits nur einen Teil des Flächenpotenzials nutzen kann. Werte nicht aufsummierbar.

Quelle: eigene Berechnungen.

8 Ausblick

Die Nutzung von Biokraftstoffen steht vor einem Zielkonflikt. Vor dem Hintergrund eines vielleicht baldigen Fördermaximums und des drängenden Klimaproblems sind Alternativen zum Erdöl, das für den Verkehrsbereich heute praktisch der einzige Energieträger ist, dringend erforderlich, zumal der Energiebedarf im Verkehrssektor noch überproportional wächst. Ein schnellst möglicher Ausbau von Biokraftstoffen als eine solche Alternative wäre geboten und findet sich auch in den ambitionierten politischen Zielen wieder. Ein ungebremstes Wachstum des Biokraftstoffmarktes ohne existierende ökologische und sozioökonomische Leitplanken lässt jedoch auch die damit verbundenen öko-sozialen Probleme überproportional anwachsen. Sollte, was ohne verlässliche internationale Standards zu befürchten ist, der Biokraftstoffboom in hohem Maße Naturwald und andere natürliche Flächen für den Biomasseanbau umwidmen, wird das Kind mit dem Bade ausgeschüttet.

Der wohl wichtigste Aspekt ist daher die Flächenkonkurrenz: Tritt die Biokraftstoffproduktion indirekt oder direkt in Konkurrenz mit dem Schutz von Naturflächen oder dem Nahrungsmittelanbau, wäre eine Nutzung nicht nachhaltig und kann nicht empfohlen werden. Die Biokraftstoffproduktion muss sich daher auf Nutzungspfade konzentrieren, die eine solche Konkurrenz ausschließen können. Dies wäre insbesondere die Nutzung von Reststoffen, von Grünland, Marginalflächen oder Rodungsbrachen. In Ländern mit Nahrungsmittelüberschüssen könnten Ackerland in mehrjährige Kulturen (Kurzumtriebsplantagen) oder für mehrjährige Energiepflanzen (Chinaschilf) umgewandelt werden, was aus Gründen der Biodiversität, des Boden- und Wasserhaushaltes und des Klimaschutz zu positiven Landnutzungsänderungen führen würde. Für all diese Nutzungspfade eignen sich besonders zukünftige Kraftstoffe der zweiten Generation; Bioethanol oder Biodiesel dagegen kaum. In den Industrienationen mit Nahrungsmittelüberschüssen wäre die Erzeugung von Bioethanol und Biodiesel noch vertretbar. Der intensive landwirtschaftliche Anbau der Rohstoffe führt jedoch zu ökologischen Belastungen und zu einer mäßigen Klimabilanz. Hinzu kommt, dass insbesondere von Ethanol aus Mais, Zuckerrübe oder Weizen die Energiebilanz sehr schlecht ist. So zeigt sich: Die heute verfügbaren Biokraftstoffe Bioethanol und Biodiesel werden nur begrenzt zum Klimaschutz und angesichts der geringen Potenziale nicht entscheidend zu mehr Versorgungssicherheit und zu mehr Unabhängigkeit vom Erdöl beitragen können.

Auch bei den Substitutionspotenzialen ist die so genannte zweite Generation viel versprechender. Dennoch können sie Erdöl als Energieträger im Verkehrsbereich längst nicht vollständig ersetzen, aber zumindest einen nennenswerten Teil substituieren. Zu berücksichtigen ist auch, dass bei Reststoffen die Rohstoffbasis von Biogas (feuchte Biomasse) und BtL-Kraftstoffe beziehungsweise Lignozellulose-Ethanol (trockene Biomasse) verschieden ist, die Substitutionspotenziale dieser Kraftstoffe in der Summe also höher sind als im Einzelnen.

Da die Kraftstoffe der zweiten Generation jedoch vorerst noch nicht am Markt verfügbar sind und keine internationalen Mindeststandards oder Zertifizierungssysteme existieren, sind die ambitionierten politischen Ziele in Zweifel zu stellen. Ein massiver Ausbau der Bioethanol- und Biodieselproduktion, wie er derzeit zu erwarten ist, kann aus ökologischen und klimarelevanten wie auch aus sozialen Gründen nicht empfohlen werden. Dabei ist die Nutzung von Bioethanol und Biodiesel per se nicht abzulehnen. Aus europäischer Sicht sollten die eigenen Potenziale gerade aus Klimaschutzgründen in jedem Fall genutzt werden. Eine nachhaltige, zumindest aber eine ökologisch vertretbare, Nutzung ist innerhalb der EU bereits heute gegeben. Die geläufige Argumentation, die eingesetzte Bioenergie könnte in stationären Anlagen (Strom- und Wärmeerzeugung) größere Klimaschutzeffekte erzielen, weswegen sie der Biokraftstofferzeugung vorzuziehen sei, unterstellt, dass die verfügbaren Biomassepotenziale bereits vollständig genutzt werden. Dies ist aber noch lange nicht gegeben, daher kommt ein Ausbau der Biokraftstoffproduktion innerhalb der EU dem Klimaschutz zugute. Biokraftstoffe sollten daher auch weiterhin staatlich gefördert werden. Dies gilt auch für Kraftstoffe der ersten Generation solange die zweite Generation am Markt sich noch nicht durchgesetzt hat. Eine solche Förderung ist derzeit auch deshalb geboten, weil nach strengeren Vorgaben in der EU erzeugte Biorohstoffe nicht mit Importen ersetzt werden dürfen, deren Herkunft ungewiss ist oder die Verdrängungseffekte verursachen könnten. Die geplanten Nachhaltigkeitsstandards, wie die EU-Richtlinie, weisen dabei zwar in die richtige Richtung, so lange diese Standards nur für einen kleinen Teil des Biomassemarktes gelten, besteht die Gefahr, dass zertifizierte Rohstoffe für den Energiemarkt und nicht zertifizierte Rohstoffe von gerodeten Naturwaldflächen für den Nahrungsmittelmarkt vorbehalten werden.

Bei allen Einwänden, die berechtigter Weise vorzubringen sind, was Zertifizierungssysteme und Nachhaltigkeitsstandards im Hinblick auf die großen globalen ökologischen und sozialen Probleme nicht zu leisten vermögen, sind sie doch der einzig gangbare Weg, diese Herausforderungen zu bewältigen. Ein Verzicht der Biokraftstoffnutzung wäre keine Antwort – weder auf die Probleme des Klimawandels noch der Naturzerstörung. Vielmehr sind Biokraftstoffe unverzichtbar für eine nachhaltige Mobilität. Um diese aber umzusetzen, müssen manche Zielmargen von heute überdacht und die Ausbaugeschwindigkeit gedrosselt werden, da nachhaltige Nutzungspfade und Kraftstoffe mit hohen Potenzialen noch nicht in gleichem Maße verfügbar sind.

Mittelfristig betrachtet, werden Biokraftstoffe als Brückentechnologie ein wichtiger Eckpfeiler für eine vom Erdöl unabhängige Mobilität sein. Auf lange Sicht wird im Verkehrssektor allen Erwartungen nach der Elektromotor den Verbrennungsmotor ersetzen. Solange die Leistungsfähigkeit der Energiespeicher nur kurze Reichweiten zulassen, werden in einer Übergangszeit Hybridfahrzeuge mit beiden Antrieben das Speicherproblem lösen. Das heißt, auf kurzen Strecken oder die ersten Kilometer einer längeren Fahrt liefern die Akkumulatoren die Energie. Sind diese erschöpft, fährt man weiter mit flüssigem Kraftstoff, der wahlweise im Verbrennungsmotor direkt in Bewegungsenergie umgesetzt wird oder aber in einem Generator Strom erzeugt. In einem solchen Konzept, würde der Verbrauch flüssiger Kraftstoffe im Vergleich zu heute deutlich sinken und Biokraftstoffe könnten prozentual gesehen weit größere Kraftstoffanteile ersetzen. Da die Elektromobilität vorerst nur im PKW-Bereich realisierbar werden wird, werden für Nutzfahrzeuge andere Antriebskonzepte weiterhin notwendig sein. Gasfahrzeuge wären hier eine Alternative. Da die Wasserstofftechnologie nach wie vor eine sehr langfristige Option darstellt und wohl erst dann von größerer Bedeutung sein wird, wenn große Mengen Solarstrom für die Elektrolyse[304] vorhanden sind, könnte bis dato Biogas eine tragende Rolle übernehmen. Biokraftstoffe wären so eine wichtige Brücktechnologie für eine zeitnahe Umsetzung einer nachhaltigen Mobilitätsstrategie.

---

[304] Wasserstofferzeugung durch Spaltung von Wasser.

Literaturverzeichnis

Abengoa (2007): Abengoa Bioenergy Awarded DOE Financial Assistance Agreement. Pressemitteilung in Homepage von Abengoa (WWW-Seite, Stand: 28.02.2007). Zugriff: 15.12.08, 11.07 MEZ.
http://www.abengoa.com/sites/abengoa/en/noticias_y_publicaciones/
noticias/historico/noticias/2007/02_febrero/20070228_noticias.html.

AFP/dpa – Agence France Press / Deutsche Presseagentur (2008): Kohlendioxidausstoß auf Rekordniveau. SPIEGEL ONLINE (WWW-Seite, Stand: 26.09.2008). Zugriff: 29.09.08, 16.54 MEZ. http://www.spiegel.de/wissenschaft/natur/0,1518,580560,00.html.

Almeida, Edmar Fagundes de et al. (2007): The performance of brazilian biofuels: An economic, environmental and social analysis. Rio de Janeiro.

ANFAC –Asociación Espanola de Fabricantes de Automóviles y Camiones (2008): European motor vehicle parc 2006. Madrid.

AP – Associated Press (2005): Kohlendioxid-Ausstoß erreicht weltweit Rekordwert. Ostsee-Zeitung (Rostock). 29.09.2005, S. 1.

Behrend, Reinhard (Hrsg.) (2008): Zertifizierte Regenwaldrodung – Betrug mit Industriesiegel RSPO für Palmöl. Regenwald Report (Hamburg). 4/2008, S. 12-13.

Berndes, Göran, Hoogwijk, Monique; Broek, Richard van den (2003): The contribution of biomass in the future global energy supply: a review of 17 studies. Biomass and Bioenergy, Aberdeen, 25/2003, S. 1-28.

BioNachV (2007): Entwurf einer Verordnung über Anforderungen an eine nachhaltige Erzeugung von Biomasse zur Verwendung als Biokraftstoff (Biomasse-Nachhaltigkeitsverordnung – BioNachV). In Homepage des BMU (PDF-Dokument, Stand: 05.12.2007). Zugriff: 29.01.2009, 21.50 MEZ.
http://www.erneuerbare-energien.de/files/pdfs/allgemein/application/pdf/
bionachv_entwurf.pdf.

BMF – Bundesministerium der Finanzen (2008): Bericht des Bundesministeriums der Finanzen an den Deutschen Bundestag zur Steuerbegünstigung für Biokraft- und Bioheizstoffe. Biokraftstoffbericht 2007. In Homepage des BMF (PDF-Dokument, Stand: 22.02.2008). Zugriff: 16.05.2008, 11.03 MEZ. http://www.bundesfinanzministerium.de/nn_82/DE/BMF__Startseite/Service/Downloads/pp/117__a__Biokraftstoffbericht,templateId=raw,property=publicationFile.pdf.

BMU – Bundesministerium für Umwelt, Naturschutz und Reaktorsicherheit (2008a): Die Nutzung von Biomasse zur Energie- und Kraftstofferzeugung. Eingangsstatement von Bundesumweltminister Sigmar Gabriel auf der Bundespressekonferenz am 04. April 2008. In Homepage des BMU (PDF-Dokument, Stand: 04.04.2008). Zugriff: 02.05.2008, 10.13 MEZ. http://www.bmu.de/files/pdfs/allgemein/application/pdf/statement_biosprit_4april2008.pdf.

BMU – Bundesministerium für Umwelt, Naturschutz und Reaktorsicherheit (2008b): Bundesumweltminister stoppt Biosprit-Verordnung. Pressemitteilung 52/08. In Homepage des BMU (WWW-Seite, Stand: 04.04.2008). Zugriff: 30.10.2008, 14.25 MEZ. http://www.bmu.de/pressemitteilungen/aktuelle_pressemitteilungen/pm/41118.php.

BMU – Bundesministerium für Umwelt, Naturschutz und Reaktorsicherheit (2008c): Weiterentwicklung der Strategie zur Bioenergie. In Homepage des BMU (PDF-Dokument, Stand: 04.2008). Zugriff: 29.01.2009, 19.41 MEZ. http://www.bmu.de/files/pdfs/allgemein/application/pdf/strategie_bioenergie.pdf.

BMU – Bundesministerium für Umwelt, Naturschutz und Reaktorsicherheit (2008d): Gabriel fordert mehr Ehrlichkeit in Debatte um Biokraftstoffe. Pressemitteilung 28/08. In Homepage des BMU (WWW-Seite, Stand: 21.02.2008). Zugriff: 30.10.2008, 14.30 MEZ. http://www.bmu.de/pressemitteilungen/aktuelle_pressemitteilungen/pm/40896.php.

BMZ – Bundesministerium für wirtschaftliche Zusammenarbeit und Entwicklung (Hrsg.) (2008): BMZ Diskurs 011: Entwicklungspolitische Positionierung zu Agrartreibstoffen. In Homepage des BMZ (PDF-Dokument, Stand: 02.2008). Zugriff: 13.01.2009, 9.21 MEZ. http://www.bmz.de/de/service/infothek/fach/diskurs/diskurs011.pdf.

Braun, Joachim von (2007): When food makes fuel: The promises and challenges of biofuels. In Homepage des International Food Policy Research Institute (PDF-Dokument, Stand: 15.08.2007). Zugriff: 13.01.2009, 15.12 MEZ. http://www.ifpri.org/pubs/speeches/vonbraun/2007jvbcrawfordkeynote.pdf.

BTG – Biomass Technology Group (2008): Sustainability criteria and certification systems for biomass production. Final report. Enschede.

Campbell, Colin J. et al. (2007): Ölwechsel! Das Ende des Erdölzeitalters und die Weichenstellung für die Zukunft. 2. Aufl. München: Deutscher Taschenbuch Verlag.

Campbell, Elliott et al. (2008): The global potential of bioenergy on abandoned agriculture lands. Environmental, Science & Technology, Washington D. C., 42. Jg., 15, S. 5791-5794.

Choren Industries GmbH (2008): CHOREN ernennt Jan Boon zum Chief Operating Officer (COO) und intensiviert die Arbeiten zur Inbetriebnahme der weltweit ersten BTL-Produktionsanlage. Pressemitteilung in Homepage von Choren (WWW-Seite, Stand: 31.10.2008). Zugriff: 19.12.2008, 9.22 MEZ. http://www.choren.com/de/choren_industries/informationen_presse/pressemitteilungen/?nid=192.

Clifton-Brown, John C.; Breuer, Jöern; Jones, Michael B. (2007): Carbon mitigation by the energy crop, Miscanthus. Global Change Biology, Urbana, 13. Jg., 11, S. 2296-2307.

ConocoPhillips (2006): ConocoPhillips begins production of Renewable Diesel fuel at Whitegate Refinery in Cork, Ireland. Pressemitteilung in Homepage von ConocoPhillips (WWW-Seite, Stand: 19.12.2006), Zugriff: 08.12.2008, 20.53 MEZ. http://www.conocophillips.com/newsroom/news_releases/2006news/12-19-2006.htm.

Cotula, Lorenzo; Dyer, Nat; Vermeulen, Sonja (2008): Fuelling exclusion? The biofuels boom and poor people's access to land. London.

Cramer, Jacqueline et al. (2007): Testing framework for sustainable biomass. Final report from the project group "Sustainable production of biomass". ohne Ortsangabe.

Crutzen, Paul et al. (2007): N$_2$O release from agro-biofuel production negates global warming reduction by replacing fossil fuels. Atmospheric Chemistry and Physics Discussions, Katlenburg-Lindau, 7. Jg., 4, S. 389-395.

CT Brasil – Ministério da Ciência e Tecnologia (1995): Net emissions for the sugar cane to ethanol cycle. In Homepage von CT Brasil (WWW-Seite, Stand: k. A.). Zugriff: 31.10.2008, 21.34 MEZ. http://200.130.9.7/Clima/ingles/comunic_old/coperal2.htm.

Dam, Jinke van et al. (2006): Overview of recent developments in sustainable biomass certification. Utrecht/Rom/Darmstadt.

Dehue, Bart; Meyer, Sebastian; Hamelinck, Carlo (2007a): Towards a harmonised sustainable Biomass Certification scheme. Utrecht.

Dehue, Bart et al. (2007b): Sustainability Reporting within the RTFO: Framework report. Utrecht.

DENA – Deutsche Energieagentur (2008): Einspeiseatlas. In Homepage des Projektes Biogaspartnerschaft (WWW-Seite, Stand: 2008). Zugriff: 09.12.2008, 20.12 MEZ. http://www.biogaspartner.de/index.php?id=10063.

Deutscher Bundestag (2002): TA-Projekt: Bioenergieträger und Entwicklungsländer. Bericht des Ausschusses für Bildung, Forschung und Technikfolgenabschätzung. Drucksache 14/9953. Berlin.

Deutscher Bundestag (2007): TA-Vorstudie: Perspektiven eines CO$_2$- und emissionsarmen Verkehrs – Kraftstoffe und Antriebe im Überblick. Drucksache 16/5325. Berlin.

Deutscher Bundestag (2008): Bericht der Bundesregierung zur Steuerbegünstigung von Biokraft- und Bioheizstoffen 2007. Drucksache 16/8309. Berlin.

DfT – Department for Transport (2007): Consultation on the draft renewable transport fuel obligations order 2007. London.

Doornbosch, Richard; Steenblik, Ronald (2007): Biofuels: Is the cure worse than the disease? Paris.

Dpa – Deutsche Presseagentur (2008): Studie: Weltweiter Fahrzeugbestand wächst 2010 auf eine Milliarde. Meldung vom 14.01.2008, 14.08 MEZ. Ticker-Dienst.

Dpa/AFP - Deutsche Presseagentur / Agence France Press (2008): Experten sind angesichts des Ölpreises ratlos. Stuttgarter Zeitung. 118/2008, S. 11.

Dpa-AFX – Deutsche Presseagentur Wirtschaftsnachrichten (2008): Energieriese Total warnt vor Ende des Ölzeitalters. SPIEGEL ONLINE (WWW-Seite, Stand: 03.06.2008). Zugriff: 03.06.2008, 16.19 MEZ. http://www.spiegel.de/wirtschaft/0,1518,druck-557435,00.html.

ECCM – The Edingburgh Centre for Carbon Management (2006): Draft environmental standards for biofuels. A report commissioned by the LowCVP. Edingburgh.

El-Beltagy, Adel (2000): Land degradation: A global and regional problem. In Homepage der United Nations University (PDF-Dokument, Stand: k. A.). Zugriff: 16.01.2009, 15.53 MEZ. http://www.unu.edu/millennium/el-beltagy.pdf.

EIA – Energy Information Administration (2008): Annual Energy Outlook 2008. In Homepage der EIA (PDF-Dokument, Stand: 06.2008). Zugriff: 19.10.2008, 19.49 MEZ. http://www.eia.doe.gov/oiaf/aeo/pdf/0383(2008).pdf.

Euractiv (2008): Biokraftstoffe für den Verkehr. In Homepage von Euractiv (WWW-Seite, Stand: 16.09.2008). Zugriff: 09.10.2008, 16.47 MEZ. http://www.euractiv.com/de/verkehr/biokraftstoffe-verkehr/article-152944.

EurObserv'ER (2008): Baromètre biocarburants. Systèmes Solaires, le journal des énergies renouvelables (Paris). 185/2008.

Europäische Kommission (2007): Fortschrittsbericht Biokraftstoffe. Mitteilung der Kommission an den Rat und das Europäische Parlament. Brüssel.

European Commission (2007a): Panorama of transport. Luxemburg.

European Commission (2007b): Energy, transport and environment indicators. Luxemburg.

European Commission (2008): European energy and transport. Trends to 2030 – update 2007. Luxemburg.

EUROSTAT – Statistisches Amt der Europäischen Gemeinschaften (2008): EUROSTAT Online-Datenbank. In Homepage des statistischen Bundesamtes (WWW-Seite, Stand: 25.09.2008). Zugriff: 29.09.2008, 16.15 MEZ. http://www.eds-destatis.de/de/themen8/theme8.php?th=8.

ExxonMobil (2007): Oeldorado 2007. Hamburg.

FAO – Food and Agriculture Organization of the United Nations (2008a): The state of food and agriculture. Biofuels: prospects, risks and opportunities. Rom.

FAO – Food and Agriculture Organization of the United Nations (2008b): FAOSTAT online databases. In Homepage der FAOSTAT – the statistics division (WWW-Seite, Stand: 11.06.2008). Zugriff: 03.12.2008, 19.51 MEZ. http://faostat.fao.org/site/291/default.aspx.

FAO – Food and Agriculture Organization of the United Nations (2008c): The state of food insecurity in the world 2008. High food prices and food security – threats and opportunities. Rom.

Feige, Andreas (2008): Zertifizierung von Biomasse und der Einfluss eines "Mass Balance" Nachverfolgungs- und Kontrollsystems auf die Situation von Kleinbauern. In Homepage von ISCC (PDF-Dokument, Stand: 13.08.2008). Zugriff: 29.01.2009, 11.44 MEZ. http://www.iscc-project.org/e275/e609/ CoCnews_13082008_dt_ger.pdf.

Fischer, Günther et al. (2001): Global agro-ecological assessment for agriculture in the 21st century. Laxenburg.

FNR – Fachagentur für Nachwachsende Rohstoffe e. V. (Hrsg.) (2006): Biokraftstoffe – eine vergleichende Analyse. Gülzow.

FNR – Fachagentur für Nachwachsende Rohstoffe e. V. (Hrsg.) (2007): Biokraftstoffe – Pflanzen, Rohstoffe, Produkte. Gülzow.

FNR – Fachagentur für Nachwachsende Rohstoffe e. V. (Hrsg.) (2008a): Biokraftstoffe. Basisdaten Deutschland, Stand: Januar 2008. Gülzow.

FNR – Fachagentur für Nachwachsende Rohstoffe e. V. (Hrsg.) (2008b): Biogas. Basisdaten Deutschland, Stand: Oktober 2008. Gülzow.

Fokken, Ulrike (2008): Mit Biokraftstoffen auf dem Holzweg. DUHwelt (Radolfzell). 4/2008, S. 8-11.

Fritsche, Uwe R. et al. (2004): Stoffstromanalyse zur nachhaltigen energetischen Nutzung von Biomasse. Darmstadt/Berlin/Oberhausen/Leipzig/ Heidelberg/Saarbrücken/Braunschweig/München.

Gelpke, Basil; McCormack, Ray (2007): The oil crash. DVD. München/Zürich/Los Angeles: Telepool.

Goeser, Helmut (2008): Agrarmärkte im Boom, Welternährung in der Krise. Info-Brief der Wissenschaftlichen Dienste, Fachbereich WD 5, des Deutschen Bundestages. Berlin.

GTZ – Deutsche Gesellschaft für technische Zusammenarbeit (Hrsg.) (2006): Kraftstoffe aus nachwachsenden Rohstoffen – Globale Potenziale und Implikationen für eine nachhaltige Landwirtschaft und Energieversorgung des 21. Jahrhunderts. Konferenzhandreichung in Homepage der GTZ (PDF-Dokument, Stand: 12.05.2006). Zugriff: 16.10.2008, 20.42 MEZ. http://www.gtz.de/de/dokumente/de-konferenz_Handout-2006.pdf

Harbou, Frederik von; Schneider, Jörg (2008): Die Auswirkungen von EU-Subventionen auf die afrikanische Landwirtschaft. Info-Brief der Wissenschaftlichen Dienste, Fachbereich WD 11, des Deutschen Bundestages. Berlin.

Henke, Jan M. (2005): Biokraftstoffe – Eine weltwirtschaftliche Perspektive. Kieler Arbeitspapier Nr. 1236. Kiel.

Höges, Clemens (2009): Blut im Tank. Ethanolsprit aus Brasilien. SPIEGEL ONLINE (WWW-Seite, Stand: 23.01.2009). Zugriff: 23.01.2009, 9.45 MEZ. http://www.spiegel.de/wirtschaft/0,1518,602457,00.html.

IANGV – International Association for Natural Gas Vehicles (2008): Natural gas vehicle statistics. In Homepage der IANGV (WWW-Seite, Stand: 04.07.2008). Zugriff: 10.12.2008, 22.31 MEZ. http://www.iangv.org/tools-resources/statistics.html.

IEA - International Energy Agency (2007a): World Energy Outlook 2007. Executive summary. Paris.

IEA – International Energy Agency (2007b): Key world energy statistics 2007. Paris.

IEA – International Energy Agency (2008a): Oil market report. Annual statistical supplement for 2007. Paris.

IEA – International Energy Agency (2008b): Key world energy statistics 2008. Paris.

IPCC – Intergovernmental Panel on Climate Change (2007a): Zusammenfassung für politische Entscheidungsträger. In: Klimaänderung 2007: wissenschaftliche Grundlagen. Beitrag der Arbeitsgruppe I zum Vierten Sachstandsbericht des Zwischenstaatlichen Ausschuss für Klimänderungen. Deutsche Übersetzung. Bern/Wien/Berlin.

IPCC – Intergovernmental Panel on Climate Change (2007b): 4. Sachstandsbericht (AR4) des IPCC (2007) über Klimaänderungen. Synthesebericht. In Homepage des BMU (PDF-Dokument, Stand: 17.11.2007). Zugriff: 22.09.2008, 14.51 MEZ. http://www.bmu.de/files/download/application/pdf/syr_kurzzusammenfassung_071117_v5-1.pdf.

IPCC – Intergovernmental Panel on Climate Change (2007c): 4. Sachstandsbereicht (AR4) des IPCC (2007) über Klimaänderungen. Wissenschaftliche Grundlagen. Kurzzusammenfassung. In Homepage des BMU (PDF-Dokument, Stand: k. A.). Zugriff: 18.09.2008, 12.35 MEZ. http://www.bmu.de/files/pdfs/allgemein/pdf/ipcc2007_kurzfassung.pdf.

IPCC – Intergovernmental Panel on Climate Change (2007d): Zusammenfassung für politische Entscheidungsträger. In: Klimaänderung 2007: Auswirkungen, Anpassungen, Verwundbarkeiten. Beitrag der Arbeitsgruppe II zum Vierten Sachstandsbericht des Zwischenstaatlichen Ausschuss für Klimänderungen. Deutsche Übersetzung. Bern/Wien/Berlin.

Jung, Alexander (2006): Wie lange noch? SPIEGELspezial (Hamburg). 5/2006, S. 26-33.

Kaltschmitt, Martin; Hartmann, Hans (Hrsg.) (2001): Energie aus Biomasse. Grundlagen, Techniken und Verfahren. Berlin/Heidelberg: Springer-Verlag.

Kemnitz, Dietmar (2008): Biokraftstoffe – „grünes Gold" oder „Todessprit"? In Homepage der Hochschule Bremen (PDF-Dokument, Stand: 06.2008). Zugriff: 06.12.2008, 19.40 MEZ. http://www.hs-bremen.de/mam/hsb/fakultaeten/ f3/glokal/kemnitz-biokraftstoffe-2008-06-05.pdf.

Krahl, Jürgen (2007): Property demands on future Biodiesel. Landbauforschung Völkenrode, 57. Jg., 4/2007, S. 415-418.

LAB – Landwirtschaftliche Biokraftstoffe e. V. (2008): Bioethanol – weltweit. In Homepage von LAB (WWW-Seite, Stand: k. A.). Zugriff: 07.10.2008, 15.43 MEZ. http://www.lab-biokraftstoffe.de/bioethanol-weltweit.html.

Langer, Bettina (2008): Verheerende Signale an arme Bauern. Stuttgarter Zeitung. 95/2008, S. 12.

Mason, Scott A. (2008): Einsatz von Pflanzenölen in der Erdölraffination. Vortrag auf der Tagung „neue Biokraftstoffe" der FNR am 6./7. Mai 2008, Berlin.

Meó Corporate Development GmbH (2008): FAQ – Frequently asked questions. In Homepage von International Sustainability and Carbon Certification (WWW-Seite, Stand: k. A.). Zugriff. 29.01.2009, 12.14 MEZ. http://www.iscc-project.org/faq.

MWV – Mineralölwirtschaftsverband e. V. (2006): MWV-Prognose 2025 für die Bundesrepublik Deutschland. Hamburg.

MWV – Mineralölwirtschaftsverband e. V. (2008a): Jahresbericht Mineralöl-Zahlen 2007. Ribbesbüttel: Saphir-Verlag.

MWV – Mineralölwirtschaftsverband e. V. (2008b): Die Kraftstoffpreise der 49. Kalenderwoche 2008. In Homepage des MWV (WWW-Seite, Stand: 12.2008). Zugriff: 09.12.2008, 21.50 MEZ. http://www.mwv.de/cms/ front_content.php?idart=3&idcat=13Jahresbericht.

Neste Oil (2008): Neste Oil expects high standards of corporate responsibility from its biofuel raw material suppliers. Pressemitteilung in Homepage von Neste Oil (WWW-Seite, Stand: 24.04.2008). Zugriff: 08.12.2008, 20.47 MEZ. http://www.nesteoil.com/default.asp?path=1,41,540,1259,1260,9644,10219.

Nitsch, Manfred; Giersdorf, Jens (2005): Biotreibstoffe in Brasilien. Diskussionsbeiträge des Fachbereichs Wirtschaftswissenschaft der Freien Universität Berlin Nr. 12/2005. Berlin.

Nylund, Nils-Olof et al. (2008): Status and outlook for biofuels, other alternative fuels and new vehicles. VTT Tiedotteita – research notes 2426. Helsinki: Edita Prima Oy.

Oja, Sami (2008): Das NExBTL-Verfahren. Vortrag auf der Tagung „neue Biokraftstoffe" der FNR am 6./7. Mai 2008, Berlin.

Pastowski, Andreas et al. (2007): Sozial-ökologische Bewertung der stationären energetischen Nutzung von importieren Biokraftstoffen am Beispiel von Palmöl. Wuppertal.

PECC – Pacific Economic Cooperation Committee (2006): Pacific Food System Outlook 2006-2007. The future role of biofuels. Singapur.

Petersson, Anneli (2008): Biogas upgrading and biomethane utilization in Sweden. In: Institut für solare Energieversorgungstechnik e. V. (Hrsg.): Tagungsband Biogasaufbereitung zu Biomethan, 6. Hanauer Dialog. Hanau. S. 50 – 53.

Quirin, Markus et al. (2004): CO2-neutrale Wege zukünftiger Mobilität durch Biokraftstoffe: Eine Bestandsaufnahme. Frankfurt am Main.

Ramesohl, Stephan et al. (2005): Analyse und Bewertung der Nutzungsmöglichkeiten von Biomasse. Band 1. Wuppertal.

Reuters (2008): Petrobras H-Bio output on hold due to price. Meldung vom 16.01.2008, 8.37 EST. Ticker-Dienst.

RFA – Renewable Fuels Agency (2008): Carbon and sustainability reporting within the Renewable Transport Fuel Obligation: Summary. In Homepage der RFA (PDF-Dokument, Stand: k. A.). Zugriff: 29.01.2009, 19.31 MEZ. http://www.renewablefuelsagency.org/_db/_documents/Executive_Summary.pdf

Royal Society (2008): Sustainable biofuels: prospects and challenges. London.

Schindler, Jörg (2008): Angst vor der Endlichkeit. Zeozwei (Radolfzell). 1/2008, S. 43.

Schmitz, Norbert (Hrsg.) (2003): Bioethanol in Deutschland. Schriftenreihe Nachwachsende Rohstoffe Band 21. Münster: Landwirtschaftsverlag.

Shell International BV (2008): Shell energy scenarios to 2050. 2nd edition. Den Haag.

Simons, Kristina (2008): Vom Klimaretter zum Ladenhüter. Zeozwei (Radolfzell). 2/2008, S. 26-27.

Statistisches Bundesamt (Hrsg.) (2008): Statistisches Jahrbuch 2008 für die Bundesrepublik Deutschland. Wiesbaden.

Stecher, Karl-Heinz (2007): Perspektiven der Biokraft in Brasilien. Fins Ent wicklungspolitik (Frankfurt am Main). 12/2007, S. k. A..

Steffens, Beate (2008): Zerstörte Wälder, Klimawandel und indonesisches Palmöl. In Homepage von Greenpeace Deutschland (WWW-Seite, Stand: 24.01.2008). Zugriff: 09.02.2009, 14.26 MEZ. http://www.greenpeace.de/ themen/klima/kampagnen/urwaldschutz_ist_klimaschutz/detail/artikel/ zerstoerte_waelder_klimawandel_und_indonesisches_palmoel/.

Stern, Nicholas (2006): Stern review: The economics of climate change. Cambridge.

SZ – Stuttgarter Zeitung (2008): Der Hunger hat die armen Staaten fest im Griff. Stuttgarter Zeitung. 92/2008, S. 15.

Tönjes, Matthias (2006): Betriebswirtschaftliche Sicht über Biokraftstoffe. Stand, Potenzial, Grenzen. Saarbrücken: VDM Verlag Dr. Müller.

Thrän, Daniela et al. (2005): Nachhaltige Biomassenutzungsstrategien im europäischen Kontext. Leipzig.

Thrän, Daniela et al. (2007): Möglichkeiten einer europäischen Biogaseinspeisungsstrategie. Eine Studie im Auftrag der Bundestagsfraktion Bündnis 90/Die Grünen. Leipzig.

UBA – Umweltbundesamt (Hrsg.) (2008): Criteria for a sustainable use of bioenergy on a global scale. Dessau-Roßlau.

United Nations (2005): The millennium development goals report 2005. New York.

United Nations (2007): World population prospects the 2006 revision. New York.

United Nations (2008): Making certification work for sustainable development: the case of biofuels. New York/Genf.

UFOP – Union zur Förderung von Öl- und Proteinpflanzen e. V. (2008a): 3 Cent Steuererhöhung auf Biodiesel. Pressemitteilung in Homepage der UFOP (WWW-Seite, Stand: 06.10.2008). Zugriff: 16.10.2008, 17.02 MEZ. http://www.ufop.de/2991.php.

UFOP – Union zur Förderung von Öl- und Proteinpflanzen e. V. (2008b): Biodieselverkauf bricht zusammen. Pressemitteilung in Homepage der UFOP (WWW-Seite, Stand: 01.02.2008). Zugriff: 16.10.2008, 20.11 MEZ. http://www.ufop.de/27755.php.

VDA – Verband der Automobilindustrie (2008): Handeln für den Klimaschutz, CO_2-Reduktion in der Automobilindustrie. Frankfurt am Main.

VDB – Verband der deutschen Biokraftstoffindustrie e. V. (2008): Biokraftstoffe: Studie von Nobelpreisträger Crutzen basiert auf veralteten Zahlen – weitere Umweltstudien bringen keine neuen Erkenntnisse. Pressemitteilung in Homepage des VDB (PDF-Dokument, Stand: 12.02.2008). Zugriff: 11.01.2009, 17.14 MEZ. http://www.biokraftstoffverband.de/downloads/610/filename.

WBGU – Wissenschaftlicher Beirat der Bundesregierung globale Umweltveränderungen (Hrsg.) (2008): Welt im Wandel: Zukunftsfähige Bioenergie und nachhaltige Landnutzung. Berlin.

Weitz, Michael (2006): Biokraftstoffe – Potenzial, Zukunftsszenarien und Herstellungsverfahren im wirtschaftlichen Vergleich. Hamburg: Diplomica Verlag.

Widmann, Bernhard; Remmele, Edgar (2008): Biokraftstoffe – Fragen und Antworten. Straubing.

WWF – Worldwide Funde for Nature Deutschland (Hrsg.) (2007): Regenwald für Biodiesel? Ökologische Auswirkungen energetischer Nutzung von Palmöl. Frankfurt am Main.

Zah, Rainer et al. (2007): Ökobilanzen von Energieprodukten: Ökologische Bewertung von Biotreibstoffen. Bern.

Ziedler, Christopher (2008): Die Landflucht der Entwicklungshelfer. Stuttgarter Zeitung. 96/2008, S. 5.

Anhang

A1 Herstellungskosten von Biokraftstoffen

Bioethanol

Ethanol aus brasilianischer Zuckerrohrerzeugung schneidet mit Abstand am besten ab. Die Fachagentur Nachwachsende Rohstoffe beziffert die Herstellungskosten pro Liter Kraftstoffäquivalent in Brasilien mit 0,34 Euro gegenüber 0,72 Euro (Getreide) und 0,88 Euro (Zuckerrübe) aus heimischer Produktion, die anders als die brasilianische Produktion noch weit von der Wettbewerbsfähigkeit gegenüber mineralischem Kraftstoff entfernt sind. Kostenoptimierungen sind nur bedingt durch Verfahrensoptimierungen oder optimierte Verwertung der Nebenprodukte zu erwarten, da vor allem die Rohstoffpreise den wesentlichen Kostenfaktor darstellen. Die Nettokosten für Benzin lagen im Dezember 2008 etwa bei 0,32 Euro/l.[305]

Biodiesel

Die Herstellungskosten für Biodiesel liegen in Deutschland etwas niedriger als für Bioethanol sind aber bislang noch zu hoch, um ohne Steuerbegünstigung wirtschaftlich zu sein. In industriellen Großanlagen hergestellter Biodiesel kostete 2007 etwa 0,71 Euro je Liter Dieseläquivalent (Däq), wenn die Anlage selbst über eine Ölmühle verfügt. Ist dies nicht der Fall und muss Pflanzenöl statt Ölsaat eingekauft werden, sind es 0,77 Euro/l Däq.[306] Optimierungspotenziale zur Kostensenkung zeigen sich, da die Herstellung von Biodiesel praktisch ausgereift ist, nur noch beim landwirtschaftlichen Anbau und der Verwendung von Koppelprodukten.[307] Kosteneffizienter wird Biodiesel in Brasilien produziert, hier liegen die Nettokosten zwischen 0,29 und 0,72 Euro/l Däq je nach Wahl des Rohstoffes.[308,309] Danach ist dort Biodiesel aus Soja, Sonnenblume oder Baumwolle bereits wettbewerbsfähig: Die Nettokosten von fossilem Diesel betrugen im Dezember 2008 0,48 Euro pro Liter.[310] In Südostasien ist dagegen am ehesten Biodiesel auf Palmölbasis konkurrenzfähig. Biodiesel aus Malaysia ist bei einem Rohölpreis von 60 US-Dollar pro Barrel wettbewerbsfähig.[311]

---

[305] Vgl. MWV (2008b).
[306] Vgl. Deutscher Bundestag (2008), S. 8.
[307] Vgl. Deutscher Bundestag (2007), S. 45.
[308] Vgl. Almeida et al. (2007), S. 74.
[309] Die Quelle gibt die Kosten in US-Dollar an, ein Euro-Wert von 1,3 US-Dollar wurde angenommen.
[310] Vgl. MWV (2008b).
[311] Vgl. PECC (2006), S. 15.

Allerdings ist nicht die Höhe des Rohölpreises alleine entscheidend für die Wettbewerbsfähigkeit von Biokraftstoffen. Auf die Verhältnisgröße zwischen Rohöl- und Rohstoffpreis kommt es letztlich an. Dies wurde zu Beginn des Jahres 2008 besonders deutlich, als der Ölpreis immens anzog und über die 100-Dollar-Marke kletterte und Biodiesel zur selben Zeit in Deutschland unverkäuflich wurde, weil Rapsöl Spitzenpreise von 837 Euro pro Tonne erreichte,[312] der Biodiesel teurer als fossilen Diesel machte – trotz hohem Ölpreis und trotz Steuerbegünstigung. Die Wettbewerbsfähigkeit von Biodiesel hängt somit ganz maßgeblich von den Rohstoffpreisen ab, weil sie den überwiegenden Anteil der Produktionskosten ausmachen. Rapsöl ist danach, obwohl weltweit das meistgenutzte Pflanzenöl für Biodiesel, weitaus unwirtschaftlicher als andere Rohstoffe: 2005 kostete die Tonne Rapsöl 540 Euro, deutlich billiger waren Sojaöl (450 Euro/t) und Palmöl (340 Euro/t).[313]

Pflanzenöl

Die Herstellungskosten von Rapspflanzenöl liegen deutlich unter den Kosten von Biodiesel, weil die Prozesskosten für die Umesterung nicht anfallen, und betrugen 2007 in Deutschland etwa 0,58 Euro pro Liter Dieseläquivalent.[314] Die geringen Kosten und die zeitweilige Steuerbefreiung haben die Nachfrage nach Pflanzenöl als Alternativkraftstoff auch im PKW-Sektor wachsen lassen. Mittlerweile haben steigende Rohstoffpreise und der Einstieg in die Besteuerung seit 2007 den Absatz wieder gesenkt.

Biogas

Bei der Betrachtung der Herstellungskosten ergibt sich eine große Schwankungsbreite in Abhängigkeit von Rohstoff und Anlagengröße. So liegen die Nettokosten bei Biogas aus kleinen Anlagen (Produktionsleistung 50 m³/h) um den Faktor 2 und mehr über den Kosten von großen Anlagen (500 m³/h).[315] Daher scheint nur eine Produktion in Großanlagen langfristig wirtschaftlich interessant. Das Wuppertal Institut kalkuliert für Biogas aus Großanlagen Nettokosten von 0,53 Euro/l Benzinäquivalent (Gülle), 0,65 Euro/l (häuslicher Biomüll) und 0,75 Euro/l (Energiepflanzen).[316] Das Institut für Umwelt und Energetik erwartet unter Annahme verschiedener Rohstoffe Kosten von 0,84 Euro/l, allerdings wird eine kleinere Anlage der Rechnung zugrunde gelegt.[317]

---

[312] Vgl. UFOP (2008b).
[313] Vgl. FNR (2006), S. 22 f.
[314] Vgl. Deutscher Bundestag (2008), S. 9.
[315] Vgl. Ramesohl et al. (2005), S. 30.
[316] Vgl. Ramesohl et al. (2005), S. 30.
[317] Vgl. Thrän et al. (2007), S. 34 ff.

Damit liegen die Kosten noch über den derzeitigen Nettokosten des Benzins von 0,32 Euro/l. Gegenüber Erdgas mit etwa 0,6 Euro/l Bäq[318] wäre jedoch Gülle-Biogas bereits wettbewerbsfähig. Allerdings ist Erdgas selbst ein Kraftstoff der momentan nur durch Steuerbegünstigung wettbewerbsfähig ist.

Lignozellulose-Ethanol

Die Kosten liegen aufgrund des Entwicklungsstandes und der Produktion in kleinen Pilotanlangen noch sehr hoch. Langfristig bietet sich jedoch die Chance, durch Reststoffnutzung von günstigen Rohstoffpreisen zu profitieren. Die Angaben in der Literatur variieren sehr stark und spannen eine Bandbreite von 0,54 bis 2,24 Euro/l Benzinäquivalent auf.[319] Die Fachagentur für Nachwachsende Rohstoffe sieht die Herstellungskosten in Deutschland bei 0,98 Euro je Liter Benzinäquivalent.[320]

BtL-Kraftstoff

Die Herstellungskosten können mangels bestehender kommerzieller Anlagen nur schwer quantifiziert werden. Hinzu kommen Unsicherheiten bei den Rohstoffkosten und der Effizienz des Vergasungsprozesses. Die Bandbreite liegt zwischen 0,46 und 1,18 Euro/l Dieseläquivalent (Reststoffe) bzw. 0,57-1,36 Euro/l Däq (Anbaubiomasse) für die Zeit nach 2010.[321] Die Fachagentur für nachwachsende Rohstoffe (FNR) beziffert die Kosten auf 1,03 Euro je Liter Däq erwartet aber mittelfristig 30 Prozent Kostensenkungen.[322]

---

[318] Bei einem angenommenen Tankstellenpreis von 1 Euro/kg Erdgas.
[319] Vgl. Deutscher Bundestag (2007), S. 58.
[320] Vgl. FNR (2006), S. 95.
[321] Vgl. Deutscher Bundestag (2007), S. 56.
[322] Vgl. FNR (2006), S. 55 und 75.

A2 Herstellungsverfahren von Biokraftstoffen

Bioethanol

Die konventionelle Ethanolherstellung über Gärprozesse mit Hilfe von Mikroorganismen und Enzymen ist ausgereift, und die Verfahren sind heute Stand der Technik. Bei der Verwendung von Getreide muss die Stärke des Korns zunächst in Glucose umgewandelt werden, da Stärke nicht direkt vergoren werden kann. Nach der Zermahlung der Körner wird die Stärke zunächst unter heißem Dampf und unter Zugabe von Enzymen verflüssigt; ein weiteres Enzym spaltet daraufhin die langkettige Stärke in Glucose auf. Der Maische wird nun Hefe zugesetzt, die den Zucker in einem Fermenter zu Alkohol vergärt. Über Destillationsverfahren wird das Ethanol aufkonzentriert und über die so genannte Rektifikation von anderen Bestandteilen gereinigt. In einem letzten Schritt muss der nun auf 96% aufkonzentrierte Alkohol von Wasserbestandteilen getrennt werden, da sonst eine Verwendung als Kraftstoff nicht möglich wäre. Dies geschieht heute über Molekularsiebverfahren.[323] Die Bestandteile der Maische, die nach der Destillation zurückbleiben, bezeichnet man als Schlempe. Ein Teil der Schlempe wird in den Fermentationsprozess wieder zurückgeführt, der verbleibende Rest kann zu Futtermittel oder Dünger aufbereitet werden oder für die Biogaserzeugung als Substrat dienen.[324] Die nur gering nahrhaften Rückstände der Zuckerrohrvergärung, die Bagasse, kann ebenso zur Biogaserzeugung (Methanvergärung) genutzt und als Energiequelle in den Konversionsprozess integriert werden.

Biodiesel

Die Biodieselherstellung ist technisch ausgereift und folgt unabhängig des verwendeten Rohstoffes den gleichen Verfahrensschritten. Das Pflanzenöl wird zunächst aus den Samen extrahiert, hierfür gibt es zwei gängige Methoden: Die Kaltpressung wird vor allem in kleineren dezentralen Ölmühlen landwirtschaftlicher Betriebe oder Genossenschaften angewendet, dieses rein mechanische Verfahren extrahiert maximal 85 Prozent des Ölanteils.[325] In industriellen Großanlagen werden die Ölsaaten, nachdem sie angequetscht wurden, auf 100° C erhitzt und dann gepresst. Diese Warmpressung erreicht eine Ölausbeute von 90%.[326] Das noch im Presskuchen befindliche restliche Öl wird üblicherweise in einem zweiten Schritt mit Hexan herausgelöst, woraufhin die Ölausbeute auf insgesamt 99% ansteigt.[327] Anschließend wird das Lösemittel

---

[323] Vgl. Deutscher Bundestag (2007), S. 47.
[324] Vgl. Weitz (2006), S. 74.
[325] Vgl. Weitz (2006), S. 58.
[326] Vgl. Weitz (2006), S. 58.
[327] Vgl. Weitz (2006), S. 58.

durch Verdampfen des Öls wieder abgetrennt. Zurück bleibt der eiweißhaltige Presskuchen oder das so genannte Extraktionsschrot, das als Tierfutter aber auch zur Biogaserzeugung genutzt werden kann.

Das so gewonnene Pflanzenöl wird nun chemisch aufbereitet, das heißt, es wird in seinen Eigenschaften so verändert, dass es den des mineralischen Diesels ähnelt und in gewöhnlichen Dieselfahrzeugen genutzt werden kann. Bei der so genannten Umesterung werden die aus Triglyceriden bestehenden Öle zunächst in Glycerin und je drei Fettsäuren katalytisch getrennt, anschließend verbinden sich die Fettsäuren mit Methanol zu Fettsäuremethylester. Methanol kann aus Biomasse gewonnen werden, wird aber aus Kostengründen heute aus Erdgas hergestellt.[328] So ist Biodiesel streng genommen kein reiner Biokraftstoff, weil er zu 10% aus Methanol fossilen Ursprungs besteht.

Biogas
Die Biogaserzeugung über einen anaeroben Gärungsprozess ist dagegen seit langem Stand der Technik und vornehmlich in kleinen dezentralen Anlagen in der kommerziellen Anwendung. Hierbei werden unter Sauerstoffausschluss organische Verbindungen mit Hilfe von Bakterien in einem feuchten und warmen Milieu zerlegt und dabei Gase, hauptsächlich Methangas erzeugt. Der Methananteil schwankt je nach Ausgangssubstrat zwischen 52% (Maissilage) und 60% (Rindergülle).[329] Die Energieausbeute ist im Vergleich zur alkoholischen Gärung weitaus effizienter, theoretisch könnte über 90% der im Ausgangssubstrat gespeicherten Energie in Methan umgewandelt werden.[330]
Um Biogas als Kraftstoff zu nutzen, muss es anschließend noch in einem zweistufigen Verfahren aufbereitet werden: Zunächst wird das CO_2 abgetrennt, darauf folgt eine Gasreinigung.[331] Der Methananteil kann so auf über 96 Prozent erhöht werden.[332]

Lignozellulose-Ethanol
Das Herstellungsverfahren beruht auf der schon beschriebenen konventionellen Ethanolerzeugung, der ein zusätzlicher Verfahrensschritt vorgeschaltet wird. Auf diese Weise ist es möglich, die bestehenden Ethanol-Produktionskapazitäten für die Lignozellulosenutzung umzurüsten, was die Investitionskosten beträchtlich senken und bei Marktreife einen schnellen Kapazitätszuwachs

---
[328] Vgl. Deutscher Bundestag (2007), S. 45.
[329] Vgl. FNR (2008b).
[330] Vgl. Weitz (2006), S. 90.
[331] Vgl. Deutscher Bundestag (2007), S. 50.
[332] Vgl. Weitz (2006), S. 90.

erlauben dürfte. Bevor die lignozellulosehaltigen Bestandteile der Vergärung zugeführt werden können, müssen sie in Zuckermoleküle aufgespalten werden. Dies geschieht zunächst über eine aufwendige Vorbehandlung, bei der die Biomasse gereinigt und zerkleinert wird. Erst dann ist die eigentliche Aufspaltung durch Hydrolyse machbar, die entweder physikalisch-chemisch über Säureaufschluss oder enzymatisch realisiert werden kann und in der Praxis üblicherweise in Kombination beider Möglichkeiten erfolgt. Aufgrund der sehr festen Bindungen innerhalb und zwischen den Zellulosemolekülen stellt die Aufspaltung noch die größte technische Schwierigkeit dar. Hinzu kommt, dass der enzymatische Aufschluss von Hemizellulose fermentationshemmende Nebenprodukte entstehen lässt. Problematisch ist ebenfalls, dass Lignozellulose nicht nur in die üblichen Hexosen – also Zucker mit sechs Kohlenstoffatomen – sondern auch in Pentosen (fünf C-Atome) gespalten wird, aber vorerst noch keine geeigneten Mikroorganismen bekannt sind, die beide Zucker in gleichem Maße fermentieren. Die Entwicklung fokussiert sich daher besonders darauf, geeignete Mikroorganismen zu produzieren, die einerseits die Fermentation optimieren und andererseits resistent genug sind, dass Hydrolyse und Fermentation in einem Reaktor ablaufen können.[333]

BtL-Kraftstoffe

Der Ausgangsrohstoff muss zunächst für die weitere Konversion vorkonditioniert werden, das heißt, er wird zerkleinert und in der Regel getrocknet.[334] Danach folgt die Vergasung der Biomasse wofür unterschiedliche Verfahren zur Verfügung stehen, die seit langem Stand der Technik sind. Kohlevergasung wurde beispielsweise bereits in den 1930er Jahren in Deutschland angewendet und spielt noch heute eine wichtige Rolle: Bei 29 der bis 2010 weltweit geplanten 38 Vergasungsprojekten dient Kohle als Rohstoff.[335] Beim Vergasungsverfahren wird unter Druck, mithilfe von Wärme und einer Menge von Sauerstoff, die keine vollständige Verbrennung zulässt, die Biomasse unter reduzierenden Bedingungen thermisch in ein Synthesegas zersetzt, das im wesentlichen aus Kohlenmonoxid, Wasserstoff und Kohlendioxid besteht. In einem anschließenden Verfahrensschritt muss das Synthesegas noch von Teeren, Aromaten und anorganischen Verbindungen gereinigt werden, bevor die Kraftstoffsynthese erfolgen kann. Diese führt die gasförmigen Bestandteile erneut mithilfe von Druck, Temperatur und bestimmten Katalysatoren (z. B. Kobalt, Eisen) zu langkettigen Kohlenwasserstoffen zusammen. Dabei kann sowohl durch

---

[333] Vgl. Deutscher Bundestag (2007), S. 57.
[334] Bestimmte Vergasungsverfahren z. B. Flugstromvergasung benötigen auch flüssige Biomasse.
[335] Vgl. Weitz (2006), S. 103 f.

Variation dieser Parameter als auch durch die Zusammensetzung des Synthesegases die Bildung des Endproduktes bestimmt werden.[336]

---

[336] Vgl. Deutscher Bundestag (2007), S. 53 f.

A3 Kraftstoff-Potenzialberechnung

Diese Berechnung dient einerseits dazu, die Potenziale der einzelnen Biokraftstoffe in einem vergleichenden Kontext besser zu bewerten und andererseits durch ein zeitnahes Bezugsjahr realistische Kenngrößen zu erarbeiten. Generell wird für die weiteren Jahre nach 2020 ein anwachsendes Biomassepotenzial, begründet durch zusätzliche Freiflächen, erwartet.

Um ungenaue Angaben zu vermeiden, wird bezüglich des Substitutionspotenzials auf eine globale Betrachtung verzichtet. Nicht nur dass Anbau und Angebot der Rohstoffe entsprechend den klimatischen Bedingungen variieren – zum Beispiel wäre eine weltweite Betrachtung des Biodieselpotenzials aus Raps unbrauchbar, weil in wärmeren Regionen ertragreichere Pflanzen wie Ölpalme eingesetzt werden – es bestehen auch große Ungenauigkeiten bei vielen weiteren Parametern, die zuverlässige globale Prognosen kaum zulassen. So weichen die Angaben über das in Zukunft global zur Verfügung stehende technische Biomassepotenzial in vielen Studien stark voneinander ab.[337]

Entscheidend für diese große Spannweite ist der zu erwartende Anbau von Energiepflanzen, die als wichtigste Biomassequelle gelten. Hier gehen die Meinungen über die zur Verfügung stehenden Flächen und den Energieertrag weit auseinander, was sich in den stark voneinander abweichenden Ergebnissen widerspiegelt. Es ist nur schwer abzuschätzen, wie viel Flächen für Nahrungsmittel und stofflicher Nutzung benötigt werden, wie sehr die Erträge pro Flächeneinheit in Forst- und Landwirtschaft gesteigert werden können und wie viel entsprechend Flächen danach für die energetische Nutzung bereit stehen. Wirtschaftliche Entwicklungen, Änderungen der Essgewohnheiten und Bevölkerungswachstum sind weitere Parameter, die global sehr variieren können. Unberücksichtigt bleiben in den Studien zudem die sozialen und ökologischen Folgen einer weitest gehenden Nutzung dieses errechneten Potenzial. Doch die erfolgreiche Erschließung der Biomasse als wichtiger Energieträger hängt ganz maßgeblich genau von diesen beiden Aspekten ab. Nicht das technische Potenzial vielmehr seine nachhaltige Nutzung wird der begrenzende Faktor sein, will man sich nicht von klimapolitischen und sozialpolitischen Zielen verabschieden. Vor diesem Hintergrund wird die Notwendigkeit von Zertifizierungssystemen für einen global expandierenden Biomassemarkt besonders deutlich, zumindest so lange keine weltweiten Standards allgemein gültig sind und eingehalten werden.

---

[337] Vgl. Berndes et al. (2003), S. 8.

Der Blick allein auf das deutsche und europäische Potenzial birgt ohne Frage den entscheidenden Nachteil in sich, dass die größten Biomassepotenziale gar nicht erfasst werden. Europa hält bei einem errechneten globalen Potenzial von 100 EJ, das im Vergleich zu den oben angeführten Studien eher einer konservativen Annahme gleicht, schätzungsweise nur einen Anteil von 8%.[338] Höhere Annahmen dürften den prozentualen Anteil sogar noch reduzieren, weil in den wärmeren Regionen der Hektarertrag größer ist und zudem das Flächenpotenzial eine größere Bandbreite aufweist.

Andererseits ermöglicht die Einschränkung auf die EU und auf Deutschland es, belastbarere Zahlen zu erhalten. Das wirtschaftliche Niveau und die wirtschaftliche Entwicklung sind in Europa im Vergleich zur Welt relativ homogen. Beeinflussende Faktoren lassen sich weitaus genauer festlegen und so zum Beispiel Freiflächen genauer quantifizieren und ökologische Aspekte besser miteinbeziehen. Es soll jedoch nicht der Eindruck vermittelt werden, die Energiebereitstellung für die Biokraftstofferzeugung müsste allein aus heimischen Erträgen gedeckt werden. Vielmehr wird so aufgezeigt in welchem Maße Energieexporte weiter notwendig sind.

Berechnungsgrundlage

Für Deutschland: Stoffstromanalyse zur nachhaltigen energetischen Nutzung von Biomasse (2004) des Öko-Instituts e. V. und weiterer Forschungsinstitute im Auftrag des Bundesministeriums für Umwelt, Naturschutz und Reaktorsicherheit.

Für Europa: Nachhaltige Biomassenutzungsstrategien im europäischen Kontext (2005) des Instituts für Energetik und Umwelt sowie weiterer Forschungsinstitute im Auftrag des Bundesministeriums für Umwelt, Naturschutz und Reaktorsicherheit.

Die Studien berücksichtigen die zukünftige Bevölkerungsentwicklung, erwartete Ertragssteigerungen durch Fortschritte in der Landwirtschaft, den fortschreitenden Flächenverbrauch für Siedlung und Verkehr und setzen einen Abbau der Überschussproduktion als Annahme an. Es werden die errechneten Flächen- und Reststoffpotenziale für die energetische Nutzung übernommen.

---

[338] Vgl. Thrän et al. (2005), S. 171 f.

Im Interesse einer nachhaltigen Biokraftstofferzeugung werden potenzialmindernde Aspekte mit einbezogen und daher nur die Ergebnisse der umweltorientierten Szenarien „Nachhaltig" und „Environment+" berücksichtig. Diese sind:

Szenario Environment+
(Nachhaltige Biomassenutzungsstrategien im europäischen Kontext):

- Nutzung der Brachflächen für den Energiepflanzenanbau nur zu 70%.
- Abbau der Überschussproduktion für Marktordnungsprodukte (ausgenommen Schweine und Geflügel) und Freisetzung der Flächen zum Energiepflanzenanbau.
- Umwidmung der Ackerflächen für Siedlung und Verkehr sowie 5% für den Naturschutz.
- Ertragssteigerungen für Grünlandflächen im Vergleich zu Ackerflächen um 50% reduziert.

Szenario „Nachhaltig"
(Stoffstromanalyse zur nachhaltigen energetischen Nutzung von Biomasse)

- Flächenbedarf für Ausgleichsmaßnahmen und Naturschutzaufgaben werden gegengerechnet.
- Der Flächenverbrauch sinkt sukzessive auf 30 ha / Tag bis 2020
- Naturschutzziele werden zu 50% verfolgt (Natura 2000-Anforderungen werden erfüllt, Abstriche bei 10% Biotopverbundfläche, ökologischer Anbau auf 15% der Flächen).
- Nachhaltigkeitskriterien für die Waldbewirtschaftung werden berücksichtigt (z.B. Verbleib Totholz, 5% Schutzzonen).

Tabelle 15: Flächenpotenzial 2020 (in Mio. ha)

	Deutschland	EU 25
Ackerland	3,26	29,36
Anteil am Gesamtackerland	27%	30%
Grünland	0,19	3,76

Quellen: Thrän et al. (2005), Fritsche et al. (2004).

Tabelle 16: Energiepotenzial aus Reststoffen 2020 (in PJ)

	Deutschland	EU 28
Waldrest- und Schwachholz	219	-
Stamm-, Rest-, Schwachholz	-	2.282*
Industrierestholz	55	580
Altholz	78	520
Schwarzlauge (Papierherstellung)	-	555
Holzanteil im Hausmüll	20	-
Klärschlamm	25	27
Stroh	74	822
Zoomasse	14	-
Feste Reststoffe gesamt	**485**	**4.786**
Biogas – Gülle/Festmist	96	925
Biogas – Ernterückstände	13	140
Biogas – org. Hausmüllanteile	20	268**
Biogas – indust. Substrate	12	27
Deponiegas	4	-
Klärgas	7	-
Biogas – Grünschnitt	10	195***
Biogene Gase gesamt	**161**	**1.555**
Reststoffe gesamt	**646**	**6.341**

* eigene Annahme 10% keine Nutzung (5% Schutzzonen, 5% Verbleib von Totholz).
** inkl. Deponiegas, *** eigene Annahme 4,5 t/ha Trockensubstanz (Wert für EU 25).
Quellen: Thrän et al. (2005), Fritsche et al. (2004).

Tabelle 17: Hektarerträge nach Rohstoffen

Rohstoffe	Hektarertrag (in Liter Kraftstoffäquivalent / ha)
Bioethanol	
Weizen	1.660
Zuckerrüben	4.054
Mais	2.288
Lignozellulose-Ethanol	
Weizen	2.416
Energiepflanzen	2.915
Biodiesel	
Raps	1.408
Soja	372
Ölpalm	5.005
Jatropha	1.583
BtL-Kraftstoffe	
Energiepflanzen	3.907
Biomethan (Biogas)*	
Silomais	4.394
Roggen	2.091
Grassilage	3.172
Sudangras	3.676

* 2% Verluste bei der Gasreinigung werden angenommen.

Quellen: FNR (2008a/2008b), FAO (2008a), WWF (2007), GTZ (2006), eigene Berechnung.

Anbaumix auf Freiflächen

Es wird ein Anbaumix gewählt, der den notwendigen Fruchtfolgen Rechnung trägt, um Monokulturen und ihre Risiken auszuschließen. Allerdings ist aus rein rechnerischen Gründen die Auswahl der Kulturpflanzen auf wenige Sorten begrenzt. Tatsächlich ist davon auszugehen, dass für den Biomasseanbau eine große Vielfalt an Kulturpflanzen zum Einsatz kommt, da regional unterschiedliche Boden- und Klimabedingungen unterschiedliche Anforderungen an die Landwirtschaft stellen.

Weil der Biodieselerzeugung nur Raps als Rohstoff zugeordnet wird, kann die Fruchtfolge nicht in Bezug auf die Freiflächen sondern in Bezug auf die Gesamtfläche berücksichtigt werden. Dies bedeutet, dass rein rechnerisch nicht das ganze Freiflächenpotenzial für den Rapsanbau zur Verfügung stehen kann. Es wird ein aus Gründen der Fruchtfolge maximaler Anbau auf 20% der Gesamtfläche angenommen, wovon 15 Prozentpunkte energetisch und 5 Prozentpunkte für die Ernährung genutzt werden.

Tabelle 18: Annahmen Anbaumix nach Kraftstoffen

Biodiesel	100% Raps
Bioethanol	20% Zuckerrübe 30% Mais 50% Weizen
Biogas	30% Mais 40% Sudangras 30% Roggen
Lignozellulose-Ethanol	100% Energiepflanzen
BtL-Kraftstoff	100% Energiepflanzen

Quelle: eigene Annahmen.

Vergleichsgröße Kraftstoffverbrauch 2020

Es wird der prognostizierte Kraftstoffverbrauch des Straßenverkehrs des Jahres 2020 als Vergleichsgröße für das errechnete Biokraftstoffpotenzial herangezogen. In der EU 25 steigt er von 290,76 Mio. toe[339] im Jahr 2005 mit einer jährlichen Rate von 1,3% zwischen 2005 und 2010 und je 1% von 2010 bis 2020 auf 342,61 Mio. toe.[340] In Deutschland geht nach den Prognosen des Mineralölwirtschaftsverbandes die Kraftstoffnachfrage bis 2020 kontinuierlich um 1,2% pro Jahr[341] zurück und sinkt von 51,46 Mio. toe[342] auf 42,94 Mio. toe Gesamtverbrauch.

Tabelle 19: Heizwerte von Kraftstoffen

	MJ/kg	MJ/l
Benzin	43,9	32,48
Diesel	43,1	35,87
Ethanol	26,7	21,06
Biodiesel	37,1	32,65
Biomethan (Biogas)	50	36*
BTL-Kraftstoff	43,9	33,45
Rohöleinheit	41,87	

*MJ/m³

Quelle: FNR (2008a).

---

[339] Vgl. European Commission (2007b), S. 48.
[340] Vgl. European Comission (2008), S. 53 f.
[341] Vgl. MWV (2006), S. 10.
[342] Vgl. European Commission (2007b), S. 48.

Eckdaten und eigene Annahmen der Berechnung

- Betrachtungsraum ist Deutschland und die EU 25

- Für das Reststoffpotenzial lagen nur Zahlen für die EU 28 nicht aber für die EU 25 vor. Damit fallen die Ergebnisse von Kraftstoffen, die Reststoffe nutzen können, etwas günstiger aus als sie tatsächlich sind. Diese Abweichung wird hingenommen.

- Betrachtungsjahr ist 2020

- Energiepflanzenanbau: Ertragsminderung aufgrund Ertragsschwäche der freigesetzten Flächen bleibt unberücksichtigt, im Gegenzug wird keine Ertragssteigerung je Jahr durch landwirtschaftlichen Fortschritt angesetzt.

- Da Gründlandumbruch in Ackerland nicht nur aus Naturschutzgründen kritisch zu bewerten ist, sondern auch dazu führt, im Boden gespeicherten Kohlenstoff schneller abzubauen und vermehrt Kohlendioxid freizusetzen, werden freiwerdende Grünlandflächen für Biogas aus Grünschnitt genutzt, nicht aber für Anbaukulturen.

- Das Waldholzpotenzial der EU 28 wird um 5% für Schutzzonen und 5% für Verbleib von Totholz reduziert, weil die EU-Studie anders als die Stoffstromanalyse für Deutschland diese Aspekte nicht berücksichtigt in ihrer Berechnung.

Das errechnete Potenzial entspricht einem technischem, wohl aber keinem wirtschaftlichen Potenzial. Damit sind die Substitutionswerte keine realistischen Erwartungswerte. Sie spiegeln nicht die Nutzungskonkurrenz zwischen Strom-, Wärme- und Kraftstofferzeugung sowie stofflicher Nutzung wieder.

A4 Substitutionspotenzial

Tabelle 20: Einzelpotenziale Biokraftstoffe in Deutschland und Europa in 2020

	Deutschland		EU 25	
	in Mio. toe	in %	in Mio. toe	in %
Kraftstoffbedarf gesamt	42,94	100,0	342,61	100,0
Ethanol	5,98	13,9	53,85	15,7
Biodiesel	2,17	5,1	17,63	5,1
Biogas	12,49	29,1	114,94	33,5
Lignozellulose-Ethanol	11,54	26,9	108,41	31,6
BTL-Kraftstoff	15,67	36,5	146,12	42,6

(Werte nicht aufsummierbar).

Quelle: eigene Berechnung.

A5 Nachhaltigkeitsstandards der Cramer Kommission

Tabelle 21: Nachhaltigkeitskriterien auf Unternehmensebene

1. Thema: Treibhausgasemissionen	
1. Grundsatz: Die Treibhausgasbilanz der Erzeugerkette und die Anwendung der Biomasse ist positiv.	
Kriterium 1.1. Bei der Anwendung von Biomasse sollte über die gesamte Kette eine Netto-Emissionsreduzierung der Treibhausgase eintreten. Die Reduzierung wird im Vergleich zu einer Referenzsituation mit fossilen Brennstoffen errechnet.	Indikator 1.1.1 (Mindestanforderung) Die Emissionsreduzierung der Treibhausgase beträgt mindestens zu 50-70%2 zur Elektrizitätserzeugung und mindestens zu 30% zu Biobrennstoffen bei, errechnet gemäß der Methode, die im 4.Kapitel beschrieben ist. Es handelt sich hier um Mindestanforderungen. Dabei sollte als Ausgangspunkt dienen, dass politische Instrumente auf einen höheren Prozentsatz, der oberhalb der Mindestanforderungen liegt, hinwirken, indem stark nach der Emissionsreduzierung der Treibhausgase differenziert wird.
2. Grundsatz: Die Biomasseerzeugung geht nicht auf Kosten wichtiger Kohlenstoffreservoirs in der Vegetation und im Boden.	
Kriterium 2.1: Behalt oberirdischer (Vegetation) Kohlenstoffreservoirs beim Anlegen von Biomasseeinheiten.	Indikator 2.1.1 (Mindestanforderung) Das Anlegen neuer Biomasseerzeugungseinheiten findet nicht in Gebieten statt, in denen der Verlust an oberirdischen Kohlenstofflagerung nicht innerhalb eines Zeitraums von 10 Jahren, in dem Biomasseerzeugung erfolgt, zurückverdient werden kann. Das Referenzdatum ist der 1. Januar 2007, mit Ausnahme der Biomasseströme, für die schon ein Referenzdatum im Rahmen anderer (sich in Entwicklung befindlicher) Zertifizierungssysteme gilt.

Kriterium 2.2: Erhalt unterirdischer (Boden) Kohlenstoffreservoirs beim Anlegen von Biomasseeinheiten.	Indikator 2.2.1 (Mindestanforderung) Das Anlegen neuer Biomasseerzeugungseinheiten findet nicht in Gebieten statt, mit einem großen Risiko erheblicher Kohlenstoffverluste aus dem Unterboden, wie bestimmte Grasböden, Moorgebiete, Mangroven und nassen Gebieten. Das Referenzdatum ist der 1. Januar 2007, mit Ausnahme der Biomasseströme, für die schon ein Referenzdatum anderer (sich in Entwicklung befindlicher) Zertifizierungssysteme gilt.

2. Thema: Konkurrenz zu Nahrung und örtlichen Anwendungen von Biomasse

3. Grundsatz: Die Biomasseerzeugung für Energie darf die Nahrungsversorgung und die örtlichen Biomasseanwendungen (Energieversorgung, Medikamente und Baumaterialien) nicht gefährden.

Kriterium 3.1 Einblick in die Veränderung der Landnutzung in der Region der Biomasseerzeugungseinheit.	Berichterstattung 3.1.1 (nur wenn die niederländische Regierung diese anfordert) Informationen über veränderte Landnutzung in der Region, einschließlich zukünftiger Entwicklungen (wenn Informationen vorhanden sind).
Kriterium 3.2 Einblick in die Veränderungen bei den Boden- und Nahrungspreisen in der Region der Biomasseerzeugungseinheit.	Berichterstattung 3.2.1 (nur wenn die niederländische Regierung diese anfordert) Informationen über Veränderungen bei den Boden- und Nahrungspreisen in der Region, einschließlich zukünftiger Entwicklungen (wenn Informationen verfügbar sind).

3. Thema: *Biodiversität*

4. Grundsatz: Biomasseerzeugung geht nicht auf Kosten der geschützten oder verwundbaren Biodiversität und verstärkt dort, wo möglich die Biodiversität.

Kriterium 4.1: Keine Verstöße gegen nationale Gesetze und Vorschriften, die für die Erzeugung von Biomasse und das Erzeugungsgebiet gelten.	**Indikator 4.1.1 (Mindestanforderung)** Die relevanten nationalen und örtlichen Vorschriften werden eingehalten, hinsichtlich der: Landeigentums- und Landnutzungsrechte Forst- und Plantagenverwaltung und des Betriebs Geschützte Gebiete Wildhege Jagd Raumordnung Nationale Vorschriften, die sich aus der Unterzeichnung der internationalen Konventionen CBD (Convention on Biological Diversity) und CITES (Convention on International Trade in Endangered Species) ergeben.
Kriterium 4.2: Bei einer neuen oder kürzlich geschaffenen Anlage, kein Angriff auf die Biodiversität durch Biomasseerzeugung in geschützten Gebieten.	**Indikator 4.2.1 (Mindestanforderung)** Biomasseerzeugung findet nicht in kürzlich urbar gemachten Gebieten, die seitens der Regierung als 'gazetted protected areas' angewiesen sind oder in einem Radius von 5 km rund um diese Gebiete statt. Das Referenzdatum ist der 1. Januar 2007, mit Ausnahme der Biomasseströme, für die schon ein Referenzdatum im Rahmen anderer (sich in Entwicklung befindlicher) Zertifizierungssysteme gilt. Falls aber doch in den oben genannten Gebieten eine Biomasseerzeugung stattfindet, dann ist das nur der Fall, wenn dies ein Bestandteil der Verwaltung ist, um die Biodiversitätswerte zu schützen.

Kriterium 4.3: Bei einer neuen oder kürzlich geschaffenen Anlage kein Angriff auf die Biodiversität in den übrigen Gebieten mit hohem Biodiversitätswert, hoher Verwundbarkeit oder hohen agrarischen Natur- und/oder Kulturwerten.	Indikator 4.3.1 (Mindestanforderung) Biomasseerzeugung findet nicht in kürzlich urbar gemachten Gebieten statt, die durch involvierte Parteien als 'High Conservation Value' (HCV)-Gebiete klassifiziert wurden oder die sich innerhalb eines Radius von 5 km rund um diese Gebiete befinden. Das Referenzdatum ist der 1. Januar 2007, mit Ausnahme der Biomasseströme, für die schon ein Referenzdatum im Rahmen anderer (sich in Entwicklung befindlicher) Zertifizierungssysteme gilt. Die folgenden Gebieten werden als HCV-Gebiete betrachtet: ˙ Gebiete mit bedrohten oder geschützten Arten oder Ökosystemen, auf Basis der Kriterien der HCV-Kategorien 1, 2 und 3; ˙ Gebiete mit hoher Verwundbarkeit (z. B. Abhänge und nasse Gebiete), auf Basis der Kriterien der HCV-Kategorie 4; ˙ Gebiete mit hohen Natur- und Kulturwerten, auf Basis der Kriterien der HCV-Kategorien 5 und 6 und Kriterien für 'high nature value farmlands'. Mittels eines Dialoges mit örtlich Involvierten muss festgestellt werden, wo die HCV-Gebiete sich befinden. Sollte Biomasseerzeugung doch in den oben erwähnten Gebieten stattfinden, dann ist das nur Fall, wenn dies ein Bestandteil der Verwaltung ist, um die Biodiversitätswerte zu schützen.
Kriterium 4.4: Bei einer neuen oder kürzlich geschaffenen Anlage Behalt oder Wiederinstandsetzung der Biodiversität innerhalb der Biomasseerzeugungseinheiten.	Indikator 4.4.1 (Mindestanforderung) Wenn die Biomasseerzeugung in kürzlich urbar gemachten Gebieten (d.h. nach dem 1. Januar 2007) stattfindet, wird den set-aside-

	Gebieten (mindestens 10%) Platz eingeräumt.
	Berichterstattung 4.4.2 Wenn die Biomasseerzeugung in kürzlich urbar gemachten Gebieten (d.h. nach dem 1.Januar 2007) erfolgt, muss mitgeteilt werden: – In welcher Landnutzungszone sich die Biomasseerzeugungseinheit befindet; – Wie Zersplitterung begegnet wird; – Ob ökologische Korridore eingesetzt werden; – Ob es hier um Wiederinstandsetzung degradierter Gebiete geht.
Kriterium 4.5: Verstärkung der Biodiversität dort, wo es beim Anlegen möglich ist und auch bei der Verwaltung der bestehenden Erzeugungseinheiten.	**Berichterstattung 4.5.1** Good Practices werden in und rund um die Biomasseerzeugungseinheit zur Verstärkung der Biodiversität ausgeübt, um ökologische Korridore zu berücksichtigen und Zersplitterung weitestgehend zu begegnen.

4. Thema: *Umwelt*

5. Grundsatz: Bei der Erzeugung und Verarbeitung von Biomasse bleiben der Boden und die Bodenqualität erhalten oder sie werden verbessert.	
Kriterium 5.1: Keine Verstöße gegen nationale Gesetze und Vorschriften, die auf die Bodenverwaltung anwendbar sind.	**Indikator 5.1.1 (Mindestanforderung)** Die relevanten nationalen und örtlichen Vorschriften werden eingehalten, hinsichtlich: Der Abfallverwaltung Des Einsatzes von Agrochemikalien (Kunstdünger und Pestizide) Des Mineralstoffhaushalts Der Vorbeugung von Bodenerosion Der Berichterstattung zu Umwelteffekten

	Unternehmensaudits Zumindest muss die Stockholm-Konvention (die 12 schädlichsten Pestizide) eingehalten werden, auch dort, wo nationale Gesetzgebung fehlt.
Kriterium 5.2: Bei der Erzeugung und Verarbeitung von Biomasse werden best practices angewendet, um den Boden und die Bodenqualität zu erhalten oder zu verbessern.	**Berichterstattung 5.2.1** Formulierung und Anwendung einer Strategie, die auf nachhaltige Bodenverwaltung gerichtet ist: Zur Vorbeugung und Bekämpfung von Erosion; Zum Behalt der Nährstoffbilanz; Zum Behalt organischer Stoffe im Boden; Zur Vorbeugung gegen Bodenversalzung.
Kriterium 5.3: Der Einsatz von Restprodukten steht nicht im Widerspruch zu anderen örtlichen Funktionen hinsichtlich der Erhaltung des Bodens.	**Berichterstattung 5.3.1** Der Einsatz agrarischer Restprodukte geht nicht auf Kosten anderer essentieller Funktionen hinsichtlich der Erhaltung des Bodens und der Bodenqualität (wie organischer Stoff, 'Mulch' und Stroh für Behausungen). Restprodukte des Biomasseerzeugungs- und Verarbeitungsprozesses werden optimal benutzt (also beispielsweise kein unnötiges Abbrennen oder unnötige Transporte).

6. Grundsatz: Bei der Erzeugung und der Verarbeitung von Biomasse werden Grund- und Oberflächenwasser nicht erschöpft und wird die Wasserqualität aufrechterhalten oder verbessert.

Kriterium 6.1: Keine Verstöße gegen nationale Gesetze und Vorschriften, die auf die Wasserverwaltung anwendbar sind.	**Indikator 6.1.1 (Mindestanforderung)** Die relevanten nationalen und örtlichen Gesetze und Vorschriften werden eingehalten, hinsichtlich: Der Benutzung von Wasser zur

	Irrigation; Der Benutzung von Bodenwasser; Der Benutzung von Wasser für agrarische Zwecke in Stromgebieten Wasserklärung Der Berichterstattung zu Umwelteffekten Unternehmensaudits
Kriterium 6.2: Bei der Erzeugung und Verarbeitung von Biomasse werden best practices angewendet, um den Wasserverbrauch zu beschränken und die Grund- und Oberflächenwasserqualität zu erhalten oder zu verbessern.	**Berichterstattung 6.2.1** Formulierung und Anwendung einer Strategie, die auf nachhaltige Wasserverwaltung gerichtet ist, hinsichtlich: Effizienten Wasserverbrauchs Vertretbaren Einsatzes von Agrochemikalien
Kriterium 6.3: Bei der Erzeugung und Verarbeitung von Biomasse wird kein Wasser aus nichterneuerbaren Quellen gebraucht.	**Indikator 6.3.1 (Mindestanforderung)** Irrigation oder Wasser für die verarbeitende Industrie stammt nicht aus nichterneuerbaren Quellen.

7. Grundsatz: Bei der Erzeugung und Verarbeitung von Biomasse wird die Luftqualität aufrechterhalten oder verbessert.

Kriterium 7.1: Keine Verstöße gegen nationale Gesetze und Vorschriften, die auf Emissionen und Luftqualität anwendbar sind.	**Indikator 7.1.1 (Mindestanforderung)** Die relevanten nationalen und örtlichen Gesetze und Vorschriften werden eingehalten, hinsichtlich: Luftemissionen Abfallverwaltung Der Berichterstattung zu Umwelteffekten Unternehmensaudits
Kriterium 7.2: Bei der Erzeugung und Verarbeitung von Biomasse werden best practices angewendet, um Emissionen und Luftverschmutzung zu beschränken.	**Berichterstattung 7.2.1** Formulierung und Anwendung der Strategie zielt auf Minimierung der Luftemissionen in Bezug auf: - Produktion und Prozesse Abfallmanagement

Kriterium 7.3: Kein Abbrennen als Bestandteil beim Anlegen oder der Verwaltung von Biomasseerzeugungseinheiten.	Indikator 7.3.1 (Mindestanforderung) Abbrennen wird nicht beim Anlegen oder der Verwaltung von Biomasseerzeugungseinheiten eingesetzt, es sei denn in spezifischen Situationen, wie sie in den ASEAN-Richtlinien oder in anderen regionalen good practices beschrieben sind.

5. Thema: *Wohlstand*

8. Grundsatz: Die Erzeugung von Biomasse trägt zum örtlichen Wohlstand bei.

Kriterium 8.1: Positiver Beitrag eigener Unternehmensaktivitäten zur örtlichen Wirtschaft und Beschäftigung.	Berichterstattung 8.1.1 Beschreibung : Des direkten wirtschaftlichen Wertes, der kreiert wird; Der Politik, Praxis und des an örtliche Zulieferer bezahlten Etats; Der Prozedur für die Einstellung örtlichen Personals und des Anteils des örtlichen Personals am Senior Management. Ausgehend von den Economic Performance Indicators EC 1, 6 und 7 der GRI (Global Reporting Initiative).

6. Thema: *Wohlergehen*

9. Grundsatz: Die Erzeugung von Biomasse trägt zum Wohlergehen der Arbeitnehmer und der örtlichen Bevölkerung bei.

Kriterium 9.1 Keine negativen Effekte auf die Arbeitsumstände der Arbeitnehmer.	Indikator 9.1.1 (Mindestanforderung) Erfüllen der Tripartite Declaration of Principles concerning Multinational Enterprises and Social Policy (abge-

	fasst von der International Labour Organisation).
Kriterium 9.2 Keine negativen Effekte auf Menschenrechte.	**Indikator 9.2.1 (Mindestanforderung)** Erfüllen der Allgemeinen Erklärung der Menschenrechte der Vereinten Nationen. Hierbei geht es um: Nichtdiskriminierung, die Freiheit Gewerkschaften zu bilden, Kinderarbeit, Zwangsarbeit und Arbeitsverpflichtung, disziplinäre Praktiken, Sicherheitspraktiken und Rechte der einheimischen Völker.
Kriterium 9.3 Die Landnutzung führt nicht zur Verletzung offiziellen Eigentums, der Nutzung und des Gewohnheitsrecht ohne freiwillige und vorherige Zustimmung der ausreichend informierten örtlichen Bevölkerung.	**Indikator 9.3.1 (Mindestanforderung)** Erfüllen der folgenden Anforderungen: - Keine Landnutzung ohne Zustimmung der ausreichend informierten ursprünglichen Benutzer - Die Landnutzung ist präzise beschrieben und offiziell festgelegt - Offizielles Eigentum, Nutzung und Gewohnheitsrecht der einheimischen Bevölkerung werden anerkannt und respektiert.
Kriterium 9.4 Positiver Beitrag zum Wohlergehen der örtlichen Bevölkerung.	**Berichterstattung 9.4.1** Beschreibung der Programme und Praktiken um die Effekte der Unternehmensaktivitäten auf die örtliche Bevölkerung zu bestimmen und zu verwalten basierend auf dem Social Performance Indicator SO1 der GRI (Global Reporting Initiative).
Kriterium 9.5 Einblick in etwaige Integritätsverletzungen seitens des Unternehmens.	**Berichterstattung 9.5.1** Beschreibung des Maßes an Training und Risikoanalyse um Korruption zu verhindern; Der unternommenen Schritte als Reaktion auf Korruptionsfälle. Basierend auf den Social Performance Indicators SO2, SO3 und

	SO4 der GRI (Global Reporting Initiative).

Quelle: Cramer et al. (2007).

Tabelle 22: Nachhaltigkeitskriterien für Reststoffe

Thema	Anforderungen	Bemerkungen
Treibhausgasemissionen	Kriterien erfüllen	Möglicherweise werden Methanemissionen reduziert; dies kann sich positiv auf die Treibhausgasbilanz auswirken.
Konkurrenz zu Nahrung	Keine Anforderungen	
Biodiversität	Keine Anforderungen	
Umwelt - 5. Prinzip Boden - 6. Prinzip Wasser - 7. Prinzip Luft	Kriterien erfüllen Keine Anforderungen Keine Anforderungen	
Wohlstand	Keine Anforderungen	Effekte im Hinblick auf den Wohlstand, beim Einsatz von Restströmen, für die es keine anderen nützlichen Anwendungen gibt, sind grundsätzlich positiv.
Wohlergehen	Keine Anforderungen	

Quelle: Cramer et al. (2007).

Tabelle 23: Prüfrahmen auf der Makroebene

Effekt	Daten	Zu berichtende Informationen	Beurteilung
Bodenpreise	Bodenpreisinformationen auf nationaler und regionaler Ebene.	Preise für das Basisjahr (vor dem Anbau der Biomasse) und nach dem Anlegen. Verwendung publizierter Statistiken (national).	Explosive Preissteigerungen (noch zu definieren) die zu einer Evaluierung im Hinblick auf den weiteren Anbau führen können. Die Ursachen für Preissteigerungen können auch

			von der Biomasseerzeugung losgelöst sein.
Nahrungspreise	Preisinformationen zur Nahrung, mit einem Unterschied zwischen autonomen Trends (z.B. auf dem Weltmarkt) und mehr örtlichen Effekten, die vom Trend abweichen. Preiseffekte durch Biomasseerzeugung müssen im Verhältnis zu (autonomer) Valutenentwicklung und zu Rohstoffpreisen gesehen werden.	Preise der Nahrungsprodukte für Erzeuger (Bauern) und für Verbraucher. Verwendung publizierter Statistiken (national, FAO).	Preisveränderungen innerhalb einer bestimmter Bandbreite (noch zu definieren) sind akzeptabel, außerhalb davon ist eine Evaluierung hinsichtlich der Erweiterung des Anbaus erforderlich.
Landeigentum	Daten zu Eigentumsverhältnissen zu Land und Landnutzungsrechten.	Zum Beispiel Daten aus Katastern, der Überwachung von Eigentumsverhältnissen in der relevanten Region. Durch die nationale Regierung und unabhängige Instanz für höhere Maßstabsebenen (zum Beispiel Provinz oder Bundesland)	Große Verschiebungen in Verhältnissen durch Biomasseerzeugung und Ausschluss kleiner Erzeuger vom Landeigentum können die Basis für eine Evaluierung bilden.
Nahrungsverfügbarkeit	Eine Übersicht über die Nahrungssicherheit also der Verfügbarkeit von Nahrung für die örtliche Bevölkerung versus den	Import/Export und örtliche Bestandsaufnahme der wichtigsten Nahrungsprodukte für Verbraucher in der	Rückgang regionaler Nahrungslieferung mit (näher festzustellendem) Prozentsatz kann zur Evaluierung

	Preisen verschaffen. Veränderungen (vor allem Abnahme) bei den Nahrungserzeugern aus der Region. Unterschied machen zwischen autonomen Trends und Effekten des Anbaus der Energiezucht.	relevanten Region. Durch regionale Behörden und nationale Regierung.	führen.
Verlegung der Nahrungserzeugung und Viehzucht an einen anderen Ort.	Landnutzungsmuster auf nationaler und eventuell auf supranationaler Ebene.	Satellitendaten zur Überwachung von (Verschiebungen in der) Landnutzung und Vegetation. Daten u. a. durch unabhängige Einrichtungen zur Verfügung gestellt.	Beurteilung hat auf verschiedenen Maßstabsebenen zu erfolgen. Verschiedene Parteien (Erzeuger, regionale oder nationale Regierung und eventuell ergänzende unabhängige Überwachung) sind relevant.
Entwaldung und Verlust von Naturgebieten im Bezug zur Lieferung von Nahrung, Konstruktionsmaterial, Dünger, Medikamenten, etc. (zugleich Koppelung zum Thema 'Biodiversität').	Überwachen der Wald und Naturgebiete und Effekte auf die Verfügbarkeit von Nahrung, Konstruktionsmaterial, Dünger, Medikamente etc.	Satellitendaten zur Überwachung von (Verschiebungen in) der Landnutzung und in der Vegetation. Durch nationale Regierung und unabhängige Instanz für höhere Maßstabsebenen und relevante regionale Organisationen.	Beurteilung des Umfangs der Konkurrenz zu alternativen Märkten. Unterschied machen zwischen autonomen Entwicklungen und Effekten durch den Anbau von Biomasse zu Energiezwecken.

Veränderungen im Vegetationstyp und bezüglich des Anteils an Vegetation und Pflanzen.	Basiskarte des Referenzjahrs zur Biomasseerzeugung mit der Qualifikation der Landnutzungstypen (beispielsweise unter Verwendung der Biodiversitätsindices). Unterschied machen zwischen Biomasseerzeugung und autonomen Trends.	Statistiken zur Landnutzung (meistens national und eventuell auf (Bundes-)Land oder Provinzebene. Durch die nationale Regierung und eine unabhängige Instanz für höhere Maßstabsebenen.	Veränderungen können sowohl zu einer mehr einseitigen als auch gerade zu einer vielseitigeren Landnutzung führen. In beiden Fällen kann die Landnutzung daneben auch durch andere, effizientere Produktionsmethoden, intensiver werden.

Quelle: Cramer et al. (2007).

Michael Weitz
Biokraftstoffe

Potenzial, Zukunftsszenarien und Herstellungsverfahren im wirtschaftlichen Vergleich

Diplomica 2006 / 167 Seiten / 49,50 Euro

ISBN 3-8324-9352-2
EAN 978-3-8324-9352-3

Biokraftstoffe gewinnen rasant an Bedeutung. Die EU fordert bis 2010 in allen Mitgliedsstaaten einen Marktanteil in Höhe von 5,75 Prozent - dies entspricht rund 18 Mio. t pro Jahr.
Das schnelle Wachstum und die langfristige Phantasie dieses Milliardenmarkts wecken zunehmend auch das Interesse großer Konzerne und branchenfremder Investoren. Einige Mineralölkonzerne haben sich bereits an aussichtsreichen Unternehmen der Biokraftstoffbranche beteiligt, bisher insbesondere im Bereich der sogenannten "Second Generation Biofuels". Damit sind Biokraftstoffe gemeint, die auf ein breites Rohstoffspektrum zurückgreifen können und gleichzeitig eine sehr hohe Qualität aufweisen, was wiederum für den Einsatz in zukünftigen Motorengenerationen relevant ist.
Diese Beteiligungsstrategie der Mineralölunternehmen deutet darauf hin, dass sich nicht alle Biokraftstoffe dauerhaft durchsetzen werden. Doch auch Biodiesel und Ethanol aus Getreide weisen entscheidende Vorteile auf, vor allem vergleichsweise niedrige Produktionskosten und marktreife Herstellungsverfahren.
Das langfristige Gesamtpotenzial der einzelnen Kraftstoffe ist insbesondere abhängig von der Energiebilanz (Beitrag zum Klimaschutz), dem Rohstoffpotenzial, der Integrationsfähigkeit in die bestehende Infrastruktur und den Produktionskosten.
Diese Studie beleuchtet die einzelnen Aspekte umfassend und führt die Ergebnisse in einem ausführlichen Vergleich zusammen.

Jens Lüdeke

Biomasseanbau und Naturschutz
Reformvorschläge für einen zunehmend ökologisch, gesellschafts- und klimapolitisch fragwürdigen Anbau von Biomasse

Diplomica 2009 / 184 Seiten / 49,50 Euro

ISBN 978-3-8366-6613-8
EAN 9783836666138

Die Klimaerwärmung ist in aller Munde. Als Lösungsansatz wird u.a. die Bioenergie angeboten und tatsächlich boomen Biogasanlagen und Biosprit auch gewaltig.

Die bisher vorherrschende euphorische Sichtweise auf die Bioenergie wird dabei einer kritischen Evaluierung unterzogen. Nicht nur die negative Klimabilanz von Biosprit, sondern auch die mit der Bioenergie verbundenen Risiken für Natur und Umwelt spielen dabei eine Rolle. Nachfolgend wird die mit dem Biomasseanbaus zusammenhängende Flächenkonkurrenz zur Nahrungsmittelproduktion und zum Naturschutz stärker ins Blickfeld gerückt.

Diese Konkurrenz führt in Ländern des Südens bereits zu Hungerrevolten.

Den Fokus dieses Buches bilden jedoch die bestehenden Konflikte mit den Zielen des Naturschutzes.

Anknüpfend wird eine Strategie entwickelt, den Ausbau der Biomasseproduktion in einem ökologischen Sinne zu optimieren.

Dafür müssen Nachhaltigkeitskriterien entwickelt werden. Die Studie zeigt die gängigsten Vorschläge zur Erreichung von Nachhaltigkeit auf.

Im Anschluss werden Möglichkeiten erläutert, naturschutzfachliche Ziele durch Steuerung des Biomasseanbaus mit existierenden legislativen und exekutiven Mitteln zu erreichen.

Als Resümee werden schließlich Reformvorschläge für die Rechtsetzung und das konkrete Verwaltungshandeln unterbreitet, die Möglichkeiten für die Rettung des Klimas mit dem Biomasseanbau auch ohne Kolateralschäden an der Natur aufzeigen.

Robert Busch
Nachhaltige Flächenbelegung für nachwachsende Rohstoffe
Landwirtschaftliche Produktion und Konsum tierischer Lebensmittel in Deutschland

Diplomica 2009 / 128 Seiten / 39,50 Euro

ISBN 978-3-8366-6695-4
EAN 9783836666954

Reihe Nachhaltigkeit
Band 19

Die Bewertung der Nachhaltigkeit nachwachsender Rohstoffe findet immer öfter seinen Fokus in dem Faktor der verfügbaren Fläche. Landwirtschaftlich nutzbare Fläche ist begrenzt. Anliegen dieser Studie ist die Analyse alternativer Flächenpotenziale in der Landwirtschaft in Deutschland. Die Studie beschäftigt sich mit der Erörterung von Nutzungspfaden, Zielen und Umweltwirkungen nachwachsender Rohstoffe einerseits und der Analyse von Freisetzungspotenzialen landwirtschaftlicher Flächen durch Verminderung von Produktion und Konsum tierisch basierter Nahrungsmittel andererseits. Die Berechnungen dazu basieren auf der globalen Inanspruchnahme von Landwirtschaftsflächen für die Produktion von Futtermitteln. Den Kontext der Studie bilden Überlegungen zu einer weltweit gerechter gestalteten, nachhaltigen landwirtschaftlichen Flächennutzung.